大是文化

F-35戰機飛行員的零秒決斷力

The Art of Clear Thinking

在壓力與混亂下，世界最強美國空軍如何決斷？最佳飛行教官親傳。

F-35、F-16 戰鬥機駕駛員、
美國空軍「年度最佳教官飛行員」
阿札爾・李（Hasard Lee）——著
李皓歆——譯

目錄

身為領導者，你必須把任務轉給同僚，
專心處理只有你能做的事。

▲ 這本書是一次令人難以置信的旅程。自 6 年前，我從阿富汗返回國後就開始寫作。那時我認為除了自己和幾個朋友之外，沒有人會對本書感興趣。

然而，正如我與人們分享的那樣，我不斷收到的回饋是，這些知識僅適用於飛行，也適用於日常生活。醫生、律師、企業主管、藝術家、育教練、心理學家、學生和許多其他人，都分享了他們如何利用這些則，來提升各個領域的表現。

＊非美國國防部飛機。

▲《F-35戰機飛行員的零秒決斷力》，現已成為《華爾街日報》（*Th*
Wall Street Journal）暢銷書！在美國，這是排名第二的暢銷商業書籍。

看到它所產生的影響力真是令人難以置信。寫一本書的過程極其緩慢——需要數年時間，就我而言，我歷經了 9 次修改才寫成讀者看見的內容。

非常期待看到人們使用這些概念，作為他們思維框架的一部分。

＊照片於噴射機後座拍攝，非美國國防部飛機

▲ 戰機飛行，是一項運動。我曾與國防創新部門舉辦一項實驗，我
發現，戰鬥機飛行員在高 G 力機動時的心率，可以超過每分鐘 170 次，
使在直線和水平飛行期間，該次數也經常超過每分鐘 120 次。如此高
心率，可能是因操作各種感測器和保持對飛機的控制時，維持感知所
的龐大認知工作量所致。

▲ 與 NASA 太空人泰瑞・維爾茲（Terry Virts）一起參觀太空梭白
照片，這是我見過最好的載具之一。

▲ 難得有機會能參觀倫道夫空軍基地（Randolph AFB），並參訪美國空軍中最具創新性的中隊——第 24 中隊，簡直就是空軍飛行員訓練的臭鼬工廠[1]（Skunk Works）。在這裡產出的想法，將適用於空軍所有其他部門。

編按：臭鼬工廠為洛克希德・馬丁公司（Lockheed Martin）高級開發計畫的官方外號。

▲ 我們正在研究如何將商業技巧引進駕駛艙，並試著繞過漫長的合併流程。這是場艱苦的戰鬥，但國防創新單位（Defense Innovation Unit，縮寫為 DIU）和 422 測試與評估中隊，正在努力實現這一目標，這就是優勢誕生的所在。

▲ 在實際飛行之前，我本以為 T-6B 教練機只不過是加上 HUD（平視顯示器）的 T-6A，但我錯了。

T-6B 的航電設備更加先進。它能模仿我們在戰鬥機中的各種飛行方式。你不僅需具備操作操縱桿和方向舵的技能，還必須在應對空對空和空對地威脅時管理多種模式。

T-6B 還允許飛行教官輸入威脅模式，從飛行的一開始就強制形成戰術思維。這是一架我渴望在當年受訓時就已問世的教練機。

▲ 這是我在美國空軍現役的最後一週（2021 年 1 月）。在過去 15 年裡，我擁有許多一生難忘的機會。從身為空軍學院的學員開始，到學習駕駛 F-16、在戰鬥中領導編隊，以及協助 F-35 加入戰場的進程，這是段奇妙的旅程。

然而，我最重視的是人與人之間的關係。我與偉大的飛行員和領導者們一起工作，得到了無限的支持，並結交了終生的朋友。

很高興能作為空軍後備部隊的 F-35 飛行員，展開下一階段的工作。我將與世上最有經驗的 F-35 飛行員們一起飛行，並有可能五十幾歲還能待在駕駛艙。我和我的家人，也將永遠把鳳凰城稱為家。

▲ 這張照片是在阿富汗上空飛行時拍攝的，我有我的「防彈小鬍子」
乍伴。正如傳聞所言，小鬍子的存在，為飛行員和他們的飛機提供了堅
不可摧的護盾。到目前為止，我沒有收到任何對此的負面評論……。

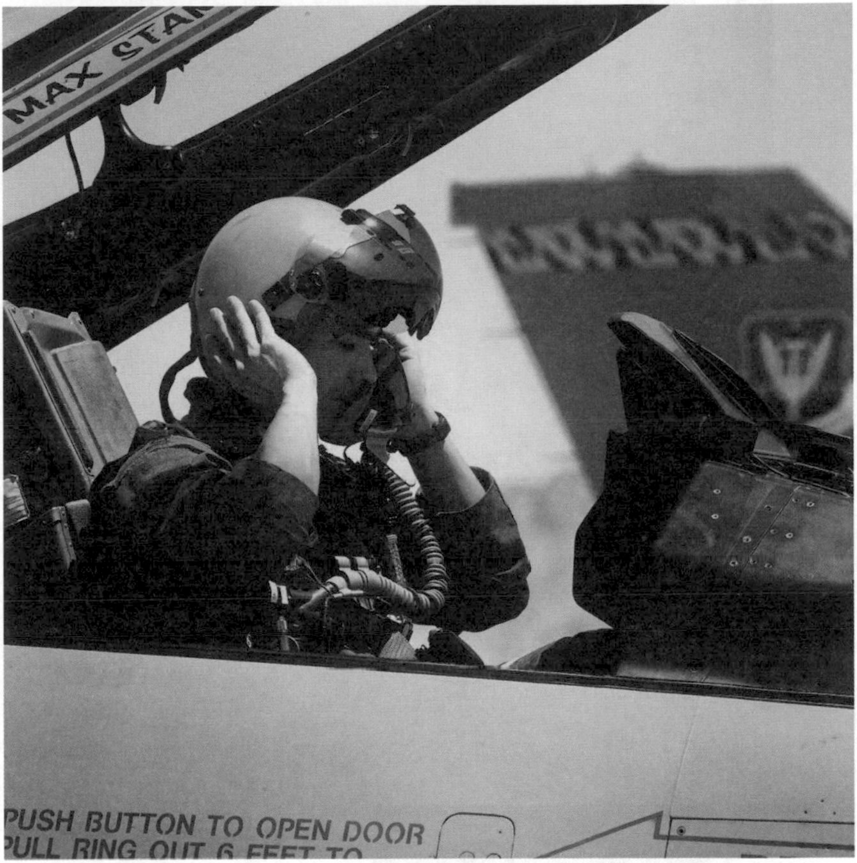

▲ 身為紅旗演習任務指揮官，繫好安全帶，準備飛行。

有機會領導近 100 架飛機執行跨國演習，是一次令人難以置信的經歷。

其中成功的關鍵，是確保每個人都在同一個頻率。我們花了許多時間規畫任務，一起工作並解決細節。你必須制定出可靠的計畫概念，才能贏得並保持對任務準備室裡其他數百人的控制。同時，對好點子持開放態度也相當重要。

平衡這兩個重點事項，就類似於飛行本身——必須優先考慮最重要的任務，並放棄或甚至將不重要的任務委派出去（後者也許更為關鍵）。

▲ 某次飛行中，我以高仰角飛越海洋，戰機的前翼緣正在努力產生更多的升力。氣流仍然與機翼分離，並產生大量阻力——這是需要配有巨型發動機的飛機，才能保持的飛行。

◀ 回顧過去在離心機中體驗 G 力的情況。

離心機能讓你在地面上旋轉，模擬我們在戰機中的急轉彎等情形。這不是最有趣的體驗，但這能向空軍證明，你不會在空中飛行時突然昏倒！

推薦序

我們的判斷，不會總是正確無比

前空軍第一作戰隊隊長、駐外武官、現任民航機師／李文玉

猶記得在美國空軍作戰測試評估中心（AFOTEC）受訓時，一位經歷越戰（Vietnam War）與波斯灣戰爭（Gulf War）的資深美軍教官，在課堂上對我們這群來自北大西洋公約組織（North Atlantic Treaty Organization，簡稱NATO／北約）與盟國的國際軍官們說道：「**我們不可能每次判斷都正確無比，正因如此，我們才需要接受嚴格訓練，以扭轉那些時不時出現的致命錯誤。**」

當時這句開場白，立即引起各國學員的熱烈討論。大家紛紛提出在過往遭遇機械失效，或空戰劣勢時，自己是如何穩住情勢、化險為夷、扭轉乾坤，甚至反敗為勝的經驗。瞬時間，課堂上德國腔、日本腔、法國腔、韓國腔的英文此起彼落，飛

行員好勝心濃烈的特質，與不同機種、國情、環境下發生空中險情的寶貴經驗，為這堂本就聲名遠播的國際軍售課程，又添上一分傳奇色彩。

雖然人類突破音速已有數十年歷史，但如今能把跨越音障[1]當成日常的人類，恐怕只有「戰鬥機飛行員」這個極稀少的族群。

當兩軍空中對峙時，這群人必須在巨大G力[2]負載的狹小座艙中，從眼睛看到的雷達顯示、耳朵聽見的指揮管制，以及大腦迅速構建出的戰場立體圖像中，迅速做出判斷；透過操縱技巧以及對當時敵我飛機的動位能轉換，掌握有利態勢。更重要的，是隨時緊盯敵機動態，在電光火石間決定下一步行動，並視情況不斷重複以上循環，才可能在強敵環伺下取得優勢，主宰戰場。

為了培養戰機飛行員快速有效執行「多工處理」（multitasking）的能力，從初級訓練開始，便循序漸進的提高對飛行員判斷與決策品質的要求。

從基本單機操縱到雙機編隊，再從雙機基本攻防，到多機複雜戰術；這樣的訓練從最基礎的教練機，到第一線的戰機皆持續不斷，即便部隊中的成熟飛行員，也要一再接受不同等級的訓練，以確保其飛行水準與決策品質皆維持顛峰，能在升空迎戰、拿生命與敵機對賭時擁有最大勝算！

然而，人類終究無法擺脫心智限制，在不預期的危險發生時，難免因驚恐、震撼，而陷入短暫失能狀態（startle）。對時速往往超過一千公里、垂直爬升或下降率超過每分鐘兩萬英尺的戰機飛行員而言，每多呆滯一秒，不僅可能損毀價值新臺幣數十億元的戰機，更可能因此賠上自己或隊友的性命。

戰機駕駛艙的技巧，在商場也用得上

正因飛行員的急難決斷反應，對處置結果影響重大，因此各型飛機操作手冊中，必有特定篇章談及「緊急情況處置」。飛行員必須熟記背誦特殊情況的處置程序，以便在倒飛[3]、缺氧，甚至視線不清、意識模糊之際，都能穩住當前狀態，使

1 編按：若移動速度接近音速時，物體本身速度將會追趕上自身發出的聲波，最終形成一股震波——即為音障。跨越音障即接近或超越音速的飛行。

2 編按：地球表面的重力為一倍G力，在高速移動、高度變化等情形下，身體承受的G力皆會劇烈變化。

3 編按：機腹向上、飛行員頭下腳上的飛行，容易使飛行員誤判上下方向。

情勢停止惡化，再依序執行正確步驟，逐一排除險情，重獲飛機操控。這種扛住壓力、停止損進，並從谷底反彈的韌性，正是飛行員最重要的能力之一。

除了需要立即反應的緊急程序處置外，對於其他不正常飛行情況，民航界也發展出廣泛被各國飛訓採用的FOR－DEC決策模式。藉由了解事實（Facts）、擬定選項（Options）、分析風險（Risks）、冷靜審視（—）、做出決定（Decision）、決策執行（Execution）、查驗修正（Check）等明確步驟，能讓飛行組員在高壓下，仍能理清頭緒，做出最妥適的決定。

一九九〇年代，我在英國愛丁堡大學企管研究所就讀時，也剛好是FOR－DEC模式受到商業界青睞、關注之始。此後，許多風險管理論述開始互通於企管界與航空界，諸如飛機設計領域的人因工程學（Human Factor Engineering）可供生產線作業參考；涉及飛航運作的組員資源管理（Crew Resource Management，簡稱CRM）則能供企管心理學領域在職場運用，從而使企管理論與飛航安全間，有更多的觀摩及交流。

此次欣見大是文化為企管界引進這麼一本有趣的書，讓鎮日在職場拚搏的商業人士，也能藉由戰機飛行員在駕駛艙中的不同視角，一起梳理決策過程中，能供彼此借鏡的共同之處。相信日理萬機的商場決策者，也必能從中讀出另一番決策理論的精彩況味。

前言
生死關頭，磨練出零秒決斷力

身為戰鬥機飛行員會習慣的其中一件事，便是你距離焚身慘死，永遠只有數秒之隔。你得在風險與成效之間力求平衡，**每次飛行任務的成敗，取決於上千個正確決策的積累**。遺憾的是，只要出了一個差錯，便會導致某趟飛行以極為悲慘的方式結束，這種狀況已在歷史上多次發生。

讓我跟你分享一段當年我駕駛F-16[1]的故事，好讓你對戰鬥機的飛行速度有點概念。那時我被派駐在韓國，有一架噴射機剛更換完引擎，需要找個飛行員來確

1 編按：又稱「戰隼」（Fighting Falcon）戰鬥機。

認維修後的機體飛行性能正常。這架噴射機當時完全沒有安裝外載的配備，一般會有的飛彈、炸彈、標定莢艙[2]（targeting pod）、或外掛油箱都沒裝，實質上，這是一架精簡至極、足以飆出理論上最大速度的特裝機。

我們飛行時通常會根據戰術組成編隊，**每一滴燃料都要用來為戰鬥做準備**。不過這次的任務，是要我單機單飛，在各種飛行高度與出力設定下測試引擎，並以最大速度作為最終測試，把飛機的性能逼至極限。

升空後，我進入海面上指定的空域，並快速執行各種引擎測試，畢竟我最多只能攜帶七千磅[3]燃料，永遠不夠我身後這具每小時燒掉上萬磅燃料的巨大引擎消耗。如果從側面看F–16，你只看得到引擎——該機體圍繞著引擎打造，飛行員則在機身前方及引擎上方落座。

十五分鐘後，我只剩下最後一項測試尚未執行：以最大速度飛行。我原本身處在兩萬五千英尺[4]的高空，接著我把油門桿推到底，讓渦輪扇引擎全速啟動。不過，戰鬥機有一項額外的動力來源：後燃器（afterburner）。為了開啟後燃器，我把油門桿往外轉，推向另一個分離的軌道。

這個動作啟動了燃料系統內所有的增壓泵，開始劇烈消耗燃料，數分鐘內便會用掉足以填滿游泳池的燃料。但這些燃料並沒有送進引擎，而是直接注入排氣管點燃，有如火焰發射器那般，在飛機後方創造出一道三十英尺長的火焰。我感覺到推力攀升，把我壓向椅背。

我的速度很快超越了一馬赫——這是查克・葉格（Chuck Yeager）與其座機貝爾X-1（Bell X-1）著名的「突破音障」速度[5]。接著我開始爬升，幾秒鐘之內便越過了三萬五千英尺，而且仍在繼續加速，很快便達到飛機的實用升限[6]（service ceiling）四萬五千英尺，於是我開始減少爬升角度。這是我能抵達的最大高度——

2 編按：用於識別目標、雷射搜索和追蹤。

3 編按：約三千一百七十五公斤，一磅約等於〇・四五三五九公斤。

4 編按：等於七千六百二十公尺的高度，一英尺等於三十・四八公分。

5 編按：一馬赫約等於時速一千兩百二十五公里，即一倍音速，高度越高音速越低。一九四七年，葉格駕駛座機成為首次進入超音速領域的人類。

6 編按：當高度越高、空氣密度越低，進入引擎的空氣密度也越低，進而造成引擎功率不足。實用升限指一款飛機能維持穩定平飛的最大飛行高度，若超過此高度，便可能造成引擎失速、故障、機體結構失壓等情況。

倒不是這架噴射機無法飛得更高，而是因為如果駕駛艙失壓，我將會在幾秒鐘之內失去意識。

從駕駛艙罩往外看，五萬英尺高的天空明顯更為昏暗。我已經身處大部分的大氣層之外，我上方暗靛藍色的景緻，距離越遠，顏色越淺，在天際線處化為一抹淡藍，地球的曲度也清晰可見，在我的視野內呈現出彎曲的樣貌。我在右側可以看到整個朝鮮半島，綠色地貌上方有著淺淺一層雲霧繚繞；左側則是黃海上方的幾片雲層，落在我與中國本土之間。

我維持高度的同時，飛機持續加速，如今來到了一．四馬赫，相當於時速一千英里以上[7]。燃料只足夠再飛行幾分鐘，於是我把操縱桿往前推，開始下降。

根據抬頭顯示器的數字，飛機速度漸漸超過了一．五馬赫，在我前方的類比式空速表也證實這項資訊，指針慢慢往順時鐘方向轉，逼近「絕對不能超過」的紅色速限區域。

當速度達到一．六馬赫，這架噴射機開始搖晃，因為空氣阻力造成的巨大壓力（是汽車以高速公路速限行駛時體驗到的三百倍以上），導致鋁合金製的機翼開始震顫，振動傳導到整架飛機。這種振動將急遽增加，機體沒多久就會撐不住。

在戰場上，出錯的容忍範圍小得不可思議

要讓飛機升空飛行，是一段與物理法則持續鬥爭的歷程。客機在三萬英尺高空以時速六百英里巡航，並不是一件自然的事；它並非萬無一失的舉動，代表其預期結果將會是墜毀，全仰賴我們的機智與決斷力，避免噩耗發生。

飛行是種獨一無二的環境，而且非常無情。如果是汽車拋錨，通常只代表你得停在路邊幾小時等候救援，但飛機失去動力多半會導致重大傷亡。就算在商業界，攸關整家公司存亡的決定也相當罕見，即使真的遇上，也只有少部分的員工會參與其中。航空界則不然，**僅僅是為了讓飛機維持飛行，就需要所有人都拿出最佳表現**。這種系統並不穩定，即使只有一人疏漏或怠忽職守，也足以造成悲慘的後果。但也正是這種無情的本質，引發出人們對決策的極度關注。

在航空界的早期發展階段，所面臨的各種瓶頸似乎都難以克服。當時的墜機率

7 編按：一英里約等於一．六公里。

高到難以置信，如果以現代的航班量來換算，一九二〇年代晚期每年的墜機總數，高達驚人的七千架。這導致了對追求航空安全近乎偏執的文化，一旦有飛機墜毀便會展開調查，並研討出能融入未來飛行的教訓。

航空無情的本質，為決策分析提供了完美的框架。墜機事件本就引人矚目，代表它們無法被冷處理。每次墜機後，便會有團隊調查墜機發生的根本原因及其成因，藉此不只找出墜機如何發生，更要找出為什麼發生。

這種承認、理解與修正錯誤的文化，最終促成了航空產業的成功。如今它象徵著人類偉大的成就之一，即使每天有超過十萬趟航班起降，美國的航空公司也已經超過十年沒發生重大墜機事件了。

空戰為航空增添了另一層複雜性。戰鬥飛行員不只要在天氣、地形、航空交通等威脅中確保安全飛行，還必須跟打算擊落自己的敵機抗衡。敵機通常技術高超又善於應變，不斷尋找對手在戰術與科技中的弱點攻擊。交戰雙方都企圖欺騙與誤導對方，藉此干擾他們的決策能力。

在空戰中，**危險因素會隨著彼此作勢要保護己方弱點、攻擊對方弱點而不斷改變**。所做出的決定持續受到考驗和反制，這是一場終極的貓抓老鼠遊戲。這種頻繁轉變的進展，使得現代戰場有多少變化就有多少危險。

今日的敵軍蹤跡難尋，舉凡天空、陸地、海洋、太空與電子世界，皆是其藏身並針對特定弱點攻擊之處。超音速飛彈的秒速已超過一英里，匿蹤戰機在雷達上的顯示標記比蜂鳥還小，而感測器能夠用三角學測定出遠在天邊的目標。

當你遭受攻擊時，收到的警告通常僅有在被擊中的數秒鐘前，敵軍來襲時震耳欲聾的尖嘯聲——在戰場上，出錯的容忍範圍小得不可思議。這類飛機常常不惜犧牲安全性，把所有面向都偏重於強化性能，再加上近乎毫無限制、高達數兆美元的預算，打造出實力驚人但飛行時不盡安全的戰鬥機。

下錯決定，我的身體將會變成一灘爛泥

當我加速超過一・六倍音速時，這架噴射機由於機翼與機身承受的氣流壓力而不斷震顫，我轉頭一望，看見F－16正常狀況下堅挺的機翼，在氣流中前後彎曲。我從未把飛機開得這麼快，也沒體驗過機翼在高速下顫振（wing flutter）的情境。

儘管F－16被設計成足以在這種速度下運作，但那是全新出廠機體的標準，不

適用於我正在駕駛的這一架——它服役已有二十五年，機體承受了數千小時的勤務。經歷過那麼多趟飛行之後，每架機體都會產生各自的特徵，飛行員每次值勤前都會加以追蹤與參考。

與過往世代的戰鬥機飛行員會被指派專用機不同，現今的飛行員共用各中隊持有的戰機，**因此我們的職責便是要快速適應每架戰機的優劣之處，並把所有隊員結合成一支致命的團隊。**

由於以最大速度飛行的情況極為罕見，我沒有任何能供這趟飛行參考的資料，只能即時評估不斷變化的狀況並應變。

震顫持續加劇，我開始評估眼前的一切。我看向抬頭顯示器，確認我正以一・六馬赫的速度飛行；為了核查該數字並非顯示錯誤，確保自己沒有超過這架飛機的最大允許速度，我看向備用空速表，確認飛行速度正確無誤。

接下來，我看向側滑指示器（sideslip indicator），它能告知我是否有把方向舵對準氣流；如果沒有適當調整，飛機將會在空中外滑（skid），導致性能下降。若要達成最大速度飛行，每項細節都得做到盡善盡美。側滑指示器顯示方向舵稍有偏差，所以我鬆手放開油門桿，探向椅背後方那塊鮮少使用的調整面板。

我保持目光朝前，不過就算我想看向調整面板也沒辦法，F－16是設計給身高一百七十八公分的飛行員乘坐的，而我的身高是一百八十八公分，又穿了厚重的救生背心，以及抵禦酷寒水氣的乾式防水抗壓衣，我簡直把駕駛艙塞得滿滿的。我沒辦法轉頭看向後方的按鈕，於是依循記憶中的按鈕位置，靠手感調整。

在校正方向舵之後，情況完全沒有改變。震顫仍然存在而且越來越嚴重，機體沒辦法長期處於這種狀態——在如此高速之下，一旦發生疲勞破壞[8]（fatigue failure）便會釀成大禍，導致飛機解體成上千個碎片。此外，我也已經遠遠超出安全彈射逃生的極限範圍，如果我被迫彈射，在逃生座椅的火箭推進器把我炸出駕駛艙的同一時刻，我將衝進時速高達一千兩百英里的氣流中，全身上下幾乎每塊骨頭都會因此碎裂。

我回想起幾年前，我跟一位呼號[9]叫「西岡」（Cygon）的年長戰鬥機飛行員

8　編按：金屬等材料逐漸損壞的過程，例如反覆折拗鐵絲後便會斷裂。
9　編按：無線電通信時用以辨識使用者的稱呼，通常為一組字母、數字或其組合。

的對話。當時我正開始受訓學習駕駛 F−16，但西岡已是資深戰鬥機飛行員，他剛結束於國防部的文職工作，準備重新取得駕駛 F−16 的資格。我們那時都是學員，不過對西岡來說，這只是個暫時頭銜，之後他將領導一支戰鬥中隊。

西岡是戰鬥機飛行員中的頂尖精英，但儘管他軍階高又備受尊重，他仍願意花時間跟中隊內負責苦差事的學員們打交道。他是學員們的心靈導師，甚至許多指導教官也有同感。沒有尊卑之分的環境，讓我們能自由的與西岡交談，請他解釋不同戰術間的細微差異，以及要怎麼做才能成為優秀的戰鬥機飛行員。

某一天，當我走進安全室（每支戰鬥中隊控管戰術的中樞）時，西岡正好聊到他曾參與過的一項 F−16 測試計畫。他已經知道在機體裝備最精簡的狀態下，F−16 將在速度約一．六馬赫時發生震顫——這是大家都知道的事情，空氣動力會加劇振動。但西岡說有辦法克服這個現象：違反直覺，把戰機開得更快，使共振產生變化，抑制機翼彎曲幅度，進而減少振動。這是則有趣的故事，但我不認為它會在日常戰術飛行勤務中派上用場。

在我升空並以最大速度飛行時，我已經很久沒有想起西岡這則故事了。不過，**每當你需要做出生死攸關的決斷時，遺忘許久的知識便會頓時浮現腦中**，這點總是讓我驚奇不已。幾乎每一名被迫彈射逃生的戰鬥機飛行員，都曾描述他們對成功逃生所須執行的繁雜步驟記得清清楚楚，不管是在事件多久之前受過訓練的。當我的機翼開始發生震顫時，我很快便回想起西岡的故事。

雖然整體來說，我只需要決定減速或加速，但**每項行動都會引發更進一步的決定**。如果我選擇減速，是否要拉起機首、減少俯衝角度，儘管這樣會對機翼造成更多負擔？而我又該拉得多高？或者，我該維持目前的俯衝狀態，只需要關閉後燃器，就算會需要較長時間才能減速到足夠程度，但這樣做是否最能降低飛機承受的負擔？再者，如果選擇加速，我該維持俯衝、減少額外操作，或是加大俯衝角度，讓加速度進一步提升？我的決定將會帶出無限個選項。

我沒有時間仔細思考每個選項，所以我倚仗這一句信條：不管多糟的問題，你都可能把它變得更嚴重。因此預設的決策會是讓飛機保持目前的狀態。根據西岡的故事，振動的成因最可能與我目前的飛行速度有關，所以我需要盡快加速到脫離當下速度，同時避免讓飛機承受不必要的壓力。我選擇推動操縱桿，加大俯衝角度以提升加速度，並確保沒有對飛行操縱造成過大壓力。

根據抬頭顯示器的數字，我的飛行速度來到一・七馬赫。振動持續變得更糟，如今感覺就像我在泥土路上以高速公路的最高速限行駛。當速度超過一・八馬赫時，我開始難以閱讀顯示器上的資訊。此時此刻，我的感官被極度放大，清楚的覺知所有事物。我可以感覺到自己心頭一緊——**或許我下錯決定了**，假使這架戰機解體，**我的身體將會變成一灘爛泥，連遺骸都將難以尋獲**。我很快拋開這個念頭，重新專注於駕駛。

接下來，當飛行速度達到一・九馬赫時，一切穩定了下來；我的時速超過一千五百英里，但周遭平靜得詭異。當你駕駛戰鬥機時，通常沒有時間欣賞景觀；你身處戰術氣泡[10]（tactical bubble）中，你唯一的思緒，就是接下來必須做的決定。但當下，我罕見的感受到時間的流逝似乎慢了下來，使我有餘裕細細品味這次體驗。

我注意到駕駛艙變得暖和——不是因為氣溫上升，而是因為有個輻射熱源，空氣與機身表面的摩擦導致溫度快速增加。我鬆開油門桿，把戴著抗熱手套的手探向距離駕駛艙罩前方一英尺的位置，便感覺到熱度穿透而來，彷彿我把手放在打開的烤箱前。

當我進入大氣較稠密的區域時，我的飛行速度仍在增加，直到到達這架飛機的結構性極限。由於燃料即將消耗殆盡，而且這趟最大速度飛行任務已經完成，所以我關閉了後燃器。儘管飛機引擎還在提供大量推力，稠密大氣所導致的阻力使飛機急遽減速，慣性力把我狠狠往前扯，肩上的安全帶也被拉到極限。就算如此，我仍然飛了將近五十英里，才把速度降到低於音障。

決斷力很重要，但學校很少教

歸根究柢，戰鬥機飛行員的工作就是做出決斷——**每次飛行都要做出數千個決策，而且時常得在資訊不完備、生死攸關的條件下做決定**。決策自任務規畫階段便開始了，在此階段要制定流程、分配資源以實現目標；這通常涉及上百位背景各異人士的彼此合作，為了一個共同目標齊心協力。

接著，由於飛行勢必在戰爭的迷霧和摩擦下執行，導致**無論任務規畫得多完**

10 譯註：以3GPP行動通訊標準的技術為準，為某項任務特設的非公開通訊網路。

善，計畫仍會生變。這代表就算為某項任務傾注了巨大心力來規畫，總會遇到一些困難需要在空中臨場決斷，這些決策既未能提前預料，甚至沒有標準答案。之後，每項決策還必須深入分析，從中拾取教訓，藉此提升未來的品質。

自從美國空軍上校約翰．博伊德（John Boyd）根據他在韓戰期間的飛行任務經驗，開發出OODA循環（觀察〔Observe〕、定向〔Orient〕、決定〔Decide〕、行動〔Act〕）之後，**戰鬥機飛行員一直在決策理論界居於領導地位**。後續幾年，諸如約翰．沃登（John Warden）上校和大衛．德普圖拉（David Deptula）將軍等其他傑出飛官，也在此領域做出卓越貢獻。

決策理論是個持續進化的領域，它為戰鬥機飛行員提供最佳的心智工具，藉此解決他們面臨的問題。雖然我們的飛行員才華洋溢，但大家奉行的信條是：**優秀的飛行員會運用高超的判斷力，來避免自己陷入不得不發揮高超技術的情境**。清楚明快的決策能力，幾乎總是能勝過單純的天賦。

不過，在資訊不完整、時間受限的情況下做出正確決定的能力，並非只適用於戰鬥機飛行員——這是一項舉世通用的技能。從領導人、企業家、教師、護士到急救人員，**我們邁向成功、實現目標的能力，取決於在正確的時間做出正確的決策**。

世界是個複雜自適應系統，所有決定都相互關聯，有如機械錶的齒輪，每個決策都會影響其外圍的決策，且常會導致結果發生不成比例的變化。生活中的一切都是某種權衡，我們做出的每一個決定都有其代價——可能是時間、金錢、精力，或其他寶貴資源。關鍵在於，**在預想的代價內找到最佳的長期價值**。時至今日，我們的決策所帶來的風險史無前例的高。

科技如今已讓許多低階任務能夠自動運行，這增加了我們每項決策帶來的影響力。如我正在打字的這臺電腦，單單它就可以處理在幾十年前需要數十人負責的業務；一輛汽車行駛的速度，比馬拉的貨車快十倍；現代多功能收割機處理莊稼的速度，比純手工作業快了上百倍；我駕駛的噴射機，則可以讓我用超越自身能力上千倍的速度移動。

描繪這種影響力的方法之一，是檢視我們所消耗的能量。一般人儘管在物理學上只能生產出一百瓦特的電力（大約是點亮燈泡所需要的電量），在現代卻能消耗超過一萬兩千瓦特的能量。這些能量驅動了那些放大我們決定影響力的科技，導致現今好決策與壞決策所帶來的結果差異，前所未有的大。

但是，要如何培養決斷力，持續做出好決策？儘管決策是需要掌握的最基本技能之一，大多數學校卻沒有教導，反而側重於聚斂性思維[11]（convergent thinking）——視每個問題都有單一且明確的解決方案。這種思維方法起源於工業革命時代，既能讓學生有效率的記憶事實，也能讓教師輕鬆評估學生，**但它不適合用於混亂又充斥著不確定性與風險的現實世界**。不過，只需要接受一點培訓便可以帶來長足進步，顯著提升一個人的決策能力。

戰鬥機飛行員投入了大量資源，尋找優化人類決策能力的方法。單是培養一名經驗豐富的戰鬥機飛行員，就要耗費近五千萬美元與十年光陰。我有幸接受過兩次培訓，一次是駕駛 F-16，另一次則是獲選駕駛 F-35[12]。然後我擔任飛行教官，多年來指導了數百名戰鬥機飛行員。我服役期間最後的職務，是擔任 F-35 訓練系統的負責人，協助開發下一世代戰鬥機飛行員的培訓方案，作為後續十年美國空軍戰力養成的基石。

我從那些課程，以及現代美國戰鬥機飛行員的決策思維中，濃縮出精華來撰寫成本書。我們在應用決策（applied decision-making）領域引領先鋒，本書提及的技巧已傳授給世界各國的飛行員，包括荷蘭、丹麥、以色列、南韓、日本及其他十幾支空軍。我們也邀請眾多精英團隊來觀察訓練，藉此讓他們能把這些課程融入各自的領域，我們指導過外科醫師、超級盃[13]（Super Bowl）冠軍得主球隊的教練、中央情報局（Central Intelligence Agency，縮寫為CIA）探員、《財星》雜誌（*Fortune*）五百大公司的執行長、美國航太總署（National Aeronautics and Space Administration，縮寫為NASA）的太空人等，他們如今已成功運用這些準則至各自的專業領域。

說故事是傳授知識最有效的方法。除非你曾親身體驗，不然故事可以提供情境，輔以相關知識便能促成理解。有鑑於此，我會利用各種故事——源自我駕駛戰鬥機的經歷、商界和歷史上的關鍵決定——來描繪出決策流程的不同面向，以及如何應用。

知識唯有融會到「隨需即用」的程度，才能派上用場。縱使在無菌環境下能回憶出眾多知識也無關緊要，真正重要的是能否在充斥著干擾、不確定性與風險的現

11 編按：與之相對的是擴散性思考（divergent thinking）。
12 編按：又稱「閃電II」（Lightning II）戰鬥機。
13 編按：國家美式足球聯盟（National Football League，簡稱NFL）年度冠軍賽，勝者被稱為「世界冠軍」。

實世界中運用。因此我把本書構建成三個部分：評估（Assess）、選擇（Choose）和執行（Execute）。這些部分組成了「精英螺旋」（ACE Helix）的主軸，戰鬥機飛行員會透過這個概念做出決定。

第一步是**評估問題**。沒有妥善評估問題，就不可能持續做出優良決策。遺憾的是，許多人跳過了這一步，但它是優良決策的基礎。在評估問題這個部分，我們會探討如何有條理的分解問題，並且利用轉折點（tipping points）和冪次定律（power laws）之類的概念，來辨別出問題中最重要的面向。

接下來，我們進展到如何**選擇正確的行動方針**。在這個部分，我們將看到之前成功的決定如何交織成一個網絡，形成我們的直覺；而對於從未見過的問題，則會探討那些可以快速評估現存選項及其價值的工具。然後會學習名為「快速預測」的概念，理解它如何促使我們快速建立心智模型，並根據直覺向外推測。我們也會探索創意在決策過程中扮演的角色，以及個人與組織能如何開發出更有創意的解決方案，時常解放出指數型增長的價值。

最後是專注於**如何執行**。我們將討論怎麼為決定產生的任務排定先後順序，以及如何清出額外的認知頻寬[14]（mental bandwidth），使我們得以專心應對勢必到來的後續決策。

接著會以人類表現的角度來剖析心智，藉此了解心智雖然是世上獨一無二、最強大的決斷工具，它同時既脆弱又常有偏見，而且容易受到情緒影響。我們將探討如何有效控制上述因素，以及倘若無法回復到心智平穩狀態時，又能如何在決策過程中釐清這些因素。

我之所以用「螺旋」來指稱這套原則，是因為決策會動態發展，常會產生二階和三階效應，代表這些決策幾乎總會對它們發源處以外的部分造成影響。所以**決策框架必須視狀況變化調整**，而隨著時間將之圖像化，就形成了螺旋。

這個形狀同時也與飛行員戰鬥的方式有關。當發生空戰時，戰鬥機之間纏鬥的軌跡多半會呈現螺旋狀，因為雙方都在試圖制定，能夠搶占最佳位置並擊敗敵機的決定。以旁觀者的角度來看，這種軌跡時常像是一個雙螺旋，正如DNA的結構。

14 編按：心智容量，處理問題時會用到的一切資源。

美國空軍五十年不敗的決策技巧

在成為戰鬥機飛行員並學會這些技巧之前，我曾苦惱於無法持續做出優良決策，常在連續做出幾個好決定之後，接著又莫名的做出壞決定。我沒有刻意思考自己是如何制定決策的，也沒有能幫助我理解決策過程的框架。

而在每次飛行都要做出上千個決定，以及歷經千餘次飛行任務的標準飛官職涯之中，我了解到，學會那些技巧並將它們化為第二天性有多重要。如今儘管我每次飛行時仍會犯錯，尚未成功達到完美的飛行任務（又稱架次〔sortie〕），我好壞決策間的差距已經小得多，這也讓我成為遠比剛入伍時更有戰力的戰鬥機飛行員。

同樣的道理也發生在駕駛艙以外——我在日常生活中運用本書提到的概念做出決斷，熟練到幾乎能輕而易舉的判斷。我能快速為各項決定排定順序，接著評估、選擇與執行所選決策，接著再處理下一項。

當我們嘗試了解自身與周遭世界時，常常很難明白決策累積之後能造成多少影響。決策形塑出我們與外界的接觸，包括人際關係、工作、健康和財務，都與我們所下的決定直接相關。

所有人都在應對自身決策所造成的後果，但許多人並未停下來思索自己為何會落入這番境地，以及今後能如何改善。如果大多數人有這麼做，我相信這個世界將會呈現出嶄新的面貌——商業界更有意願創新，人們對閱讀的內容更嚴格檢驗，財務安全性更加提升，大家更樂於承擔計算後的風險……。

坊間已有許多聚焦於決策背後學術理論的書籍，但本書並非其中之一。本書最主要的目標在於提供實作指南，又不至於枯燥，利用說故事的方式讓讀者得以將其中教訓銘記在心一年、五年甚至十年。我期盼你在讀完本書之後，能描繪出自己制定決策的方式——即使它可能會與本書的內容略有出入，但也無妨，因為我們是基於自身的強項與弱項來下決定，而且時常會因為所處領域和有待解決的問題而變化。關鍵在於：**有意識的做出決斷，並在日後研擬改善方案**。

美國戰鬥機飛行員正是因為在過去五十年間反覆執行這項措施，才能成為全世界最優秀的空軍戰力，自一九五三年四月十五日起，從未有敵機使美軍官兵喪命，且已有超過五十年，美軍未曾在空對空交戰中落敗。

現在，該你上場了。

第一章

戰機飛行員的保命練習

F-16駕駛艙內的設備早已隨時代更新了，只有面板右下角的小時鐘一直存在，老教官總告訴學員，遇到狀況，先替這個時鐘上緊發條，這個小動作就是你的保命之道。

二〇〇九年五月三十一日，法國航空四四七號班機，從巴西里約熱內盧的加利昂國際機場（Galeão International Airport）起飛，飛往法國巴黎的戴高樂機場（Charles de Gaulle Airport）。飛機按計畫準時於晚間七點半起飛，往夜空中爬升。機上有兩百一十七名乘客，包括兩百零八名成人、八名孩童與一名嬰兒。機組員則包括九名空服員，以及飛行時數總計超過兩萬小時的三名機師。

該架班機的型號為空中巴士A330，這款雙引擎的客機至今仍是最先進的現役飛機之一。它搭載了數位線傳飛控系統[1]（digital fly-by-wire system）與飛航電腦，建構出精密的飛行限制保護系統，能確保飛機不會失速或逾越結構性極限。

在駕駛艙內部，光滑的側操縱桿以及為機師顯示飛行資訊的六個大螢幕，取代了傳統的駕駛盤和機械式儀表。儘管這款飛機設計成僅由兩名機師駕駛，但四四七號班機配置了三名機師，讓每名機師可以在預計十一小時的航程中輪流休息。

當四四七號班機結束爬升，進入平飛狀態時，一切似乎平安無事。接下來的幾小時，它沿著巴西海岸線飛行，最後轉向至大西洋。當它跨越赤道時，便進入了熱帶輻合帶（Intertropical Convergence Zone），這是南北半球氣流匯聚的區域，時常形成鋒面雷雨。事發當晚也不例外，機師獲報該區域有雷雨發生，但這一如既往的天氣，並未對之前與四四七號班機航線相似的十餘架班機造成影響。

當飛機繼續橫越大西洋時，巴西方面的航管員終於注意到無法聯絡上四四七號班機，但這種狀況在客機橫越海洋時雖不常見，亦非罕見。可是，接下來位於非洲沿岸的航管中心也一直無法聯絡上該班機。

不過因為現代客機憑空消失實在太難以置信，於是航管員為該班機制定了「虛擬飛行計畫」，根據其預定航線模擬而成。後續幾小時，這架模擬飛機依循規畫路徑飛行，一如它被設定的那樣運作。直到隔天早上，四四七號班機不見蹤影的情形才引發重大關注，法國航空終於通報主管機關，並在大西洋兩側展開空中搜索。

不到一天時間，偵察機便在距離巴西沿岸五百英里處發現飛機殘骸，並在後續一週動員了上千人力及諸多船艦與飛機，於廣達十萬平方英里的海域搜索，卻只發現遺體與各種殘骸。

顯然，機上乘員已全數罹難，但關鍵問題在於「為什麼會發生空難」。

1 編按：該系統能將駕駛員的操作轉為電訊號，並利用軟體校正指令。

解答很可能就藏於駕駛艙的通話紀錄器和飛行紀錄器，也就是俗稱的「黑盒子」。它目前已沉至海底，可是四四七號班機墜毀處的海域深達一萬英尺，海底地形崎嶇更令事態雪上加霜。正如一位專家所說的：「這裡就像是阿爾卑斯山區（Alps）那樣廣闊，無法排除飛機殘骸掉入某個裂隙，導致難以尋回的可能性。海底並不是平坦無起伏的環境。」

搜救團隊於初期派遣了一艘研究專用船，連同兩艘微型潛艇，試圖尋找海底殘骸。這項行動是在跟時間賽跑——每個黑盒子都配有水下定位發報器，但電池容量僅能維持三十天，一旦訊號停止發送，找到殘骸的機率便會急遽下降。美國海軍支援了拖曳式聲波定位儀與水下聽音器，法國甚至出動一艘核動力潛艇加入搜救。

到了七月底，距離失事時間將近兩個月，已經不可能透過黑盒子的定位發報器來找到它。於是搜索行動進入下一階段，改為運用拖曳聲納陣列來勘測海底，希望藉此發現殘骸與黑盒子。而在歐洲方面，之前為了釐清事故原因而組成的專案小組，截至那時僅能做出下列結論：

一、在該飛機預定的航線上，天候狀況不佳。

二、在該趟飛行最後的幾分鐘，飛機搭載的系統曾數次發出自動生成的警訊，提示空速表讀數出現異常。

三、根據尋獲的殘骸，該飛機並非在飛行中解體，而是以一種奇怪的方式墜入海面——飛行姿態正常，但下降率過高，幾乎像是機腹朝下的墜落。

這些事實推翻了諸如炸彈引爆或亂流扯斷機翼的早期推論，事故原因更可能出自惡劣天候導致機上的皮托管（pitot tube）——用來測量空速的裝置——結冰，進而引發飛機自動生成與空速指示失靈相關的警報。然而，光是這樣並不足以造成飛機墜毀，事實上，僅僅在前一年的時間裡，法國航空的空中巴士 A330 機隊便已發生十五次類似的狀況，而機師每一次都能順利維持正常飛行。

空速表顯示的讀數並不會影響飛行，這種狀況有如汽車的車速表故障，機師可以逕自不予理會，等到皮托管結冰處融化後恢復運作就好。據調查員推測，在法國航空四四七號班機空難中，皮托管結冰勢必引發了災難性的連鎖事件，最終導致機組員無法操縱飛機。

在後續兩年間，這項推測成為調查員在欠缺黑盒子的狀況下，所能重建出墜機緣由的最佳理論。防止皮托管結冰的措施隨即推出，航管中心之間的交接程序也加以改良，以避免下次再有飛機失蹤事件時，又發生類似的資訊延宕。直到二〇一一年四月，在第四次搜索行動中終於找到了飛機殘骸。搭載著側掃聲納的水下無人載具（autonomous underwater vehicles），在海底深達一萬三千英里的一處淤泥區，發現散落的許多殘骸。

在一個月內，黑盒子尋獲並送至海面，接著貼上法院封條，交由法國海軍送至開雲港（port of Cayenne），隨即空運至巴黎並下載與分析其中資訊。調查員的發現震驚了整個航空業，並成為日後各世代飛行員學習決策的頂尖課程。

起立演示：戰機飛行員的「刻意練習」

在美國空軍飛行員的訓練過程中，學員每天早上都要參加名為「起立演示」（stand-ups）的課程。所有學員會坐在教室的牆邊，講師則站在前方，隨機選出一名學員站在教室中間，然後給予一項假設性的緊急狀況。全場氣氛被刻意營造得相當緊繃，藉此重現飛行員在空中遭逢緊急事態時會產生的恐懼與腎上腺素。

如果學員無法順利應對該緊急狀況，則會被命令回座，由其他學員接手處理。相關表現都被仔細記錄下來，並成為訓練結束後派發哪種飛機給學員的評量因素。為了進一步加深壓力，如果有學員表現極度不佳，整個班級都可能因此連坐受罰。

不難想像，學員們都不喜歡起立演示，至少我自己是這樣。當我的名字被點到時，我會深吸一口氣，全神貫注，然後走到教室中間。接著我會說出**所有學員在演示之前都要複誦的句子**：「我將維持飛機操控，分析狀況，執行適當的行動，並在狀況許可下盡快著陸。」再來我會口述每一個致動器開關和無線電通訊，彷彿我真的在駕駛飛機。

我們學習的是制定決策的框架，它是在飛行這種僅僅一個不當決定，就可能喪命的環境下，歷經近百年的教訓發展而成。儘管學習過程不怎麼愉快，它為在壓力下解決複雜問題提供了刻意練習的機會。

不同於我在學校時大多數的考試，起立演示時面對的問題並非僅有單一解法。它需要擴散性思維，每個問題都有多個正確答案，有賴學員理解決策所造成的二階和三階後果；一開始輕率做出看似簡單的決定，有可能在十五分鐘後引發無法解決的問題。

這對許多學員來說格外困難，即使在大學或空軍官校，以頂尖成績畢業的好學生也不例外。他們的心智過去一直專注於學術領域，難以迅速為無從預測的問題提出解答。

我記得有名學員會鉅細靡遺的寫下他想到的所有問題及其解答，足足寫滿好幾本筆記。在訓練課程初期，問題還算簡單的時候，他可以參考筆記並快速解決緊急狀況。但到了課程中段，問題變得更複雜，經常在同一時刻涵蓋數項緊急狀況時，筆記便成為了阻礙。

他的做法欠缺變通性，導致問題一旦發散至超出預想程度時，他就無法調適，接著在壓力下敗退。這種情形持續惡化，最終他連安全處理緊急狀況都做不到，於是遭到退訓。

不過，其實在我們剛開始起立演示時，講師就已經提供我們成功之鑰了。事實上，答案就藏在所有人被點到名字時得複誦的句子中：「我將維持飛機操控，分析狀況。」

維持飛機操控代表即使面臨著緊急狀況，我們仍然得讓飛機維持飛行。駕駛單座飛機，代表你無法奢望自己能隔絕外務，全神貫注在解決眼下問題上。你必須**把**

心智資源拆分給處理異狀與駕駛飛機。

接下來是分析狀況。**妥善理解問題，是解決問題的第一步**。我們的直覺時常會跳過這個關鍵步驟，直接開始行動，但這是許多人與組織都存有的認知偏誤，因為我們相信：越快處理問題就能越快解決。這種直覺非常強烈，以至於我們在學習駕駛F-16時，會對菜鳥飛行員傳授一個另類的技巧，以確保他們不會跳過理解問題這個關鍵步驟。

在F-16的駕駛艙內，有個小小的類比式時鐘設置於面板右下角，從一九七〇年代設計完畢後便保留至今。幾乎戰鬥機內的所有東西，都隨著時代改良或更換，但這個手動上發條的小時鐘始終不變。

儘管沒有人會用它來計時，**老練的講師總會告訴學員：「在你做出決策前，先為時鐘上發條。」**這個舉動看似毫無意義，但**它可以阻止人因忙於解決問題而疏忽思考的傾向**。為時鐘上鏈僅會占據飛行員的注意力幾秒鐘，同時防止他們實際去碰觸時鐘以外的任何東西。這能強迫他們在行動之前，花時間用大腦分析狀況，以做出更好的決定。

如果什麼都沒做，也許會平安無事……

根據法國航空四四七號班機的黑盒子紀錄，那趟飛行最初幾個小時平安無事。機長馬克・杜波伊斯（Marc Dubois）和副機長皮埃爾—塞德里克・博寧（Pierre-Cédric Bonin）應對著常規飛行作業，閒暇之餘聊起各自的私生活。五十八歲的杜波伊斯經驗豐富，飛行時數將近一萬一千小時，其中近一半時間擔任機長。在駕駛艙內的通話紀錄中，他的態度格外突出——冷靜又心思縝密，相當於機組員的導師，並解釋自己如何制定決策來指導他們。

相對來說，杜波伊斯的副機長博寧就欠缺經驗，三十二歲的他被人當成「公司的寶寶」。博寧與妻子相偕旅行，她也搭上了這架班機；他們在出發前把兩個孩子帶去給祖父母照顧，好讓夫妻倆可以盡情享受這段週末連假。在通話紀錄中，博寧缺乏經驗的徵兆表露無遺，他似乎緊張不安，對自己的做法缺乏信心，連執行常規作業時也是如此。

另一位登機的副機長是大衛・羅伯特（David Robert），他在起初幾個小時於駕駛艙後方的機師休息艙睡覺。他也是老練的機師，飛行時數超過六千五百小時，而且畢業於法國民航學院（Ecole Nationale de l'Aviation Civile）——法國最負盛名的航空學校。羅伯特經驗豐富，當時已轉任到航空公司指揮中心的管理職，只是為了維持機師資格而偶爾飛行。

在經過三個半小時的常規作業後，飛機於熱帶輻合帶遭遇風暴外圍，並開始穿越較上層的雲團。一般來說，機組員會讓飛機爬升到不受天候影響的雲團上方，但因為外面的氣流溫度高於常態，加上飛機為了橫越大西洋，目前仍保有大量燃料及其重量，最多只能爬升到三萬五千英尺，迫使他們選擇穿越風暴而非跨越其上。

亂流開始增加，名為聖艾爾摩之火（Saint Elmo's fire）的現象隨之發生——風暴中的電荷在駕駛艙罩上形成藍色和紫色的閃爍螢光。博寧從來沒有看過這種現象，根據通話紀錄中的反應，他似乎對此既著迷又擔憂。杜波伊斯則見過類似景象上百遍了，他不為所動，繼續維持飛行路線，同時呼叫副機長羅伯特過來換班，好讓他可以依照計畫小睡片刻。羅伯特隨即進入駕駛艙，與機長交換位置。奇怪的是，儘管羅伯特的經驗遠勝博寧，飛行時數是對方的兩倍，杜波伊斯卻把操控飛機的職責交給了博寧。

機長離開駕駛艙後，羅伯特與博寧開始討論起天氣狀況。與其他位於這個區域的飛機不同的是，他們尚未申請改變路線以繞過風暴環流（storm cells）。隨著他們看向機上的氣象雷達，兩人發現飛機即將穿越一個環流，於是聯絡了空服員：

博寧：「聽著，我們在兩分鐘之內要進入的區域，會比現在來得更晃一點。你們最好多注意。」

空服員：「好的，那麼我們該坐下嗎？」

博寧：「嗯，我認為這個想法不錯……。」

博寧缺乏經驗的態勢在此相當明顯——他已經看過氣象雷達，對風暴具備最充分的狀態意識[2]（situational awareness）。空服員向博寧徵詢指示，但他似乎仍處於資淺副機長的心態；儘管他目前是全權掌管飛機的機師，卻把決定權推給別人。

兩位副機長接著討論起艙外異常高的氣流溫度，這個狀況導致他們無法爬升至理想高度。博寧很高興他們目前駕駛的是空中巴士 A330，他說道：「該死，謝天謝地我們正在開的是 A330，對吧？」羅伯特則淡淡的回答：「對極了。」

飛機持續穿越雲團，博寧開始擔心機翼結冰的狀況，於是他說：「開啟防冰系統吧，有做總比沒做好。」接著又說：「我們似乎在雲層尾部了，或許會沒事。」

看看博寧最後那三段陳述，全是在說服自己一切會平安無事。從通話紀錄中還能發現，博寧的嗓音比之前尖銳，說話速度也加快。如果我們能測量他當時的心跳與呼吸速度的話，很可能會發現，這些也都變快了。

他心生畏懼。我也曾有過相同的體驗——你能感覺到責任的重擔扛在肩上，卻不太確定該怎麼做。你試圖讓自己冷靜下來，於是說「或許會沒事」之類的話。同一時間，你還會尋求慰藉，並說『謝天謝地我們正在開的是A330，對吧？』這種話。博寧的妻子同處機上，可能也加重了他的壓力。

過了沒多久，羅伯特注意到雷達系統並未設定在正確模式。他更改設定，隨即發現他們正直直飛向氣象活動劇烈的區域：

羅伯特：「你或許可以往左轉一點。」

2 編按：意識整體情況、資訊、事件及自身的行動，會如何影響目的及目標。

博寧：「抱歉，你說什麼？」

羅伯特：「你或許可以往左轉一點。我認為目前要以手動操縱。」

博寧開始讓飛機往左轉，突然之間，駕駛艙內瀰漫著帶電粒子的異味，溫度也在上升。

博寧：「天哪，你有動過空調嗎？」

羅伯特：「我沒動。」

博寧：「那是什麼味道？」

羅伯特飛過類似的航線，並認出那個氣味是臭氧，那是他們穿越帶電風暴所形成的副產物。

博寧：「這是臭氧？你確定嗎？」

羅伯特：「這是因為……。」

博寧：「啊，我已經感覺熱得誇張了！」

羅伯特：「就是這樣，那裡又熱又充滿臭氧。」（推測他正指向氣象雷達上的風暴環流。）

飛機隨後遭遇冰雹，成因是潮溼的熱帶氣流從海面被吸上天空，並在高空迅速凍結。在通話紀錄中，可以聽見劈啪作響的背景雜音，有點像是指甲刮金屬的聲音，因為細小的冰粒正在撞擊機體。博寧如今顯然更不安了，儘管他是全權掌管飛機的機師，卻在決定該做哪些事時一直聽從羅伯特的意見。

為了把冰雹對飛機結構造成的影響降至最低，兩位副機長降低飛機速度，接著開啟了引擎的防冰系統防止引擎結冰。雖然冰雹太小，不至於對飛機結構產生威脅，但這種小尺寸冰雹卻能在皮托管內部累積起來。

飛機的皮托管負責測量飛行速度。這組小小的探測器配置於飛機前方，可以測量面臨的風壓，接著再把風壓換算成飛行速度顯示給機師，同時也把資訊輸入這架飛機的先進飛航控制電腦。為了有備無患，空中巴士A330配置了三個皮托管。遺憾的是，四四七號班機的三個皮托管幾乎同時被冰堵塞。

由於缺乏可靠的飛行速度數據來操控飛機，導致機上的自動駕駛系統陷入混亂並因此解除，頓時，飛機的操控已完全交給機師。在此要特別注意的是，目前這架飛機尚未遭受任何機械性故障，它正在三萬五千英尺的高空平飛，而且持續按照計畫正常飛行。**如果博寧和羅伯特什麼事也沒做，飛機理當繼續直直往前飛**，幾分鐘後，皮托管的加熱裝置便會融化堵塞的冰，**這趟旅程將繼續照規畫進行**。

根據通話紀錄，自動駕駛系統一解除，警報聲隨即響起，主警報燈也閃爍亮起，昭示飛機如今已轉為手動操縱模式。博寧接著說：「我來接手操縱。」重申由他來主導與駕駛，而羅伯特是支援他的副機長。

壓力越大，智商就越低

這就是關鍵時刻了。這架飛機正以幾近完美的狀態運作，博寧試圖理解為什麼自動駕駛系統剛剛會自行解除。如果他在導致自動駕駛系統解除之相關事態發生前幾分鐘已心懷畏懼，如今他可能已經嚇壞了。

目前適當的應對措施，是俗稱的「交叉檢查」（cross-check）：他應該拿空速表讀數跟駕駛艙內其他儀表讀數比對，例如對地速度、飛行高度、飛行姿態和爬升率。這麼做能讓他發覺只有空速表故障了，使他可以選擇暫時忽視空速表，仰賴其他儀表來駕駛。

可是博寧決定行動。他沒有評估狀況，就立刻把操縱桿往後拉，讓飛機猛然爬升。這是個不理性的決定，因為就在幾分鐘前，他還在討論飛機因為外部高溫無法飛得更高。**但在壓力加重的狀況下，我們的智商隨之降低，往往會做出差勁決定。**如今，博寧使狀況大幅惡化了。

一聲警鈴響起，警告機師飛機已經脫離預設高度。博寧繼續後拉操縱桿，飛機開始以每分鐘爬升七千英尺的劇烈程度陡升。高空的空氣稀薄，這種狀態難以維持，於是飛機開始急遽失去速度：

博寧：「不正確……空速表不正確。」

羅伯特：「我們已經失去速度了吧？專心看你的速度，注意你的速度。」

博寧：「好，好，我要下降了。」

羅伯特的處境非常為難。他經驗豐富但已生疏，因為他現在偶爾才飛行。這是飛行員最危險的情況之一：你的信心常無法匹配你的能力。他的生理時鐘也處於低潮期，可能正感覺疲憊。更重要的是，儘管他遠比博寧來得有經驗，但他被指派為支援的角色。而空中巴士的飛行控制系統與舊型飛機不同，並沒有設計成讓兩位機師彼此知道另一名機師的側操縱桿操作情形，使事態更加惡化。

羅伯特：「下降……儀表顯示我們在上升……儀表顯示我們在上升，所以你得下降。」

博寧：「好。」

羅伯特：「你在……再下降啊！」

博寧：「我們在……對，我們在爬升。」

羅伯特理解這個狀況：飛機正在陡升，此時最大的威脅是失速，也就是飛行速度降低到無法產生足夠升力，於是開始墜落。這種狀況甚至應該不可能發生在空中巴士A330這款飛機，工程師幾乎把它設計得讓機師無法使其陷入危險。製造商是如此宣傳的：「線傳飛控系統提供了更優良的操控性，這是空中巴士系列共通的特色；而飛行包絡線[3]（flight envelope）保護系統，能讓飛行員把飛機性能發揮至極限，卻永遠不會逾越極限。」

遺憾的是，四四七號班機的飛行電腦一旦認定它從皮托管接收到的數據有誤，整組系統便切換到備用模式，而這個模式下，飛行包絡線保護系統將會關閉。

不到一分鐘後，因為飛行速度急遽降低，飛機陷入失速。警報聲響起，主警報燈亮起，同時發出一道合成語音：「失速，失速！」由於機翼上方的氣流紊亂，飛機開始震顫。羅伯特明白這是緊急狀況，他按下呼叫鈴，要機長立刻返回駕駛艙。

儘管四四七號班機陷入失速，他們目前仍然處於容易挽回事態的狀況。飛機正在三萬八千英尺的高空，他們有充裕的時間處理，只要簡單的把操縱桿往前推，讓飛機恢復速度，就可以繼續飛行。

3 編按：包絡線是一種表現飛行性能的圖，以橫座標速度、縱座標高度顯示，劃定出飛機能穩定飛行的範圍。超出線外的飛行（如在同一速度下過度爬升高度）被視為危險行為。

在失速發生之前，羅伯特似乎已縮小了問題範圍，但因為側操縱桿的設計並不像舊型飛機的駕駛盤那樣連結在一起，他無從得知博寧自始至終一直把操縱桿往後拉。他懷疑問題來自於機翼結冰，所以啟動了機翼除冰系統。

在這團混亂中，其中一個皮托管恢復運作，對實際飛行速度給出矛盾的資訊。羅伯特接著花時間將航電系統改為待機設定，希望能藉此將問題隔離出來，重新正確認知飛機的全盤情況。但這個動作使事態更加惡化，因為待機設定所使用的皮托管仍然被冰堵塞。在羅伯特把時間用來專心調整航電系統後，他開始喪失狀態意識。當他完成調整，把注意力挪回駕駛飛機時，他變得跟博寧一樣困惑。這時，飛機正以每分鐘超過一英里的速度墜落：

羅伯特：「我們的引擎沒有故障！到底發生了什麼事？我完全不清楚是怎麼回事。你明不明白現在發生了什麼事？」

博寧：「該死，我操縱不了飛機。我完全沒辦法操縱飛機了！」

羅伯特：「左座接手操縱！」

羅伯特接手主導，開始抑制飛機滾轉，可是他似乎同樣沒有意識到飛機已陷入失速，並選擇把操縱桿稍微往後拉。但博寧這時候違背了飛行技術的基本法則，他沒有示意就把操縱桿全力拉到底，使得飛機繼續失速，而且進一步混淆了羅伯特。

在這一刻，飛機正以每分鐘超過一萬英尺的速度墜落，但因為博寧仍然把操縱桿往後拉，導致機首上翹，彷彿飛機正在爬升，就像樹葉從樹上掉落的狀態。隨著除冰系統啟動，皮托管內的冰迅速融化，開始恢復運作，並顯示出正確的前進空速——低於每小時七十英里。工程師從來沒有料想到這種狀況，機上的飛行電腦如今與機師同樣困惑，並懷疑是程式碼有誤，於是關閉了失速警報，向機師傳達狀況正在改善的假象。

在這場危機開始的一分半鐘後，杜波伊斯機長返回了駕駛艙，有可能剛醒來：

杜波伊斯：「你們到底在幹什麼？」

博寧：「我們沒辦法操縱飛機了！」

羅伯特：「我們徹底失去對飛機的控制……完全搞不懂是怎麼回事……我們什麼都試過了！我們該怎麼辦？」

杜波伊斯：「噢，我不知道。」

機長處在比羅伯特更艱難的境地。幾分鐘前，當飛機開始發生震顫然後失速時，他可能還在睡覺。然後他接到副機長呼叫，盡快返回駕駛艙，接著發現儀表板正因為各種主警報燈閃爍而發亮，同時兩位副機長對他高喊著無法操縱飛機。

由於飛機正在劇烈滾轉，他沒有跟其中一位副機長交換位置，而是選擇坐進他們後方的折疊椅，嘗試釐清並解決這個狀況。博寧接著把油門桿挪到怠速位置，再度與改善情勢所需的舉動相悖。隨著推力減少，機首下沉，飛機如今以每分鐘超過一萬三千英尺的速度墜落。然後他張開減速板，使危機更加惡化：

博寧：「我感覺我們正以非常快的速度飛行，對吧？你怎麼想？」

羅伯特：「不，最重要的是，別張開減速板！」

羅伯特把油門桿推到最前方，引擎開始製造最大推力。機師們隨即討論起目前的狀況，以及為什麼飛機會無法操控。博寧似乎是三人當中最混亂的，他一度詢問飛機是否真的在墜落。在這段期間，飛機持續下墜，距離海面只剩一萬英尺。絕望中，羅伯特開始直接對飛機說話，說著：「爬升、爬升、爬升、爬升。」一聽到這段話，博寧說：「可是我已經全力拉高機首好一陣子了啊。」

駕駛艙內短暫陷入沉默。這正是羅伯特和杜波伊斯機長缺少的關鍵資訊。

直到此刻，他們才知道博寧在這整段時間始終把操縱桿後拉，導致飛機失速。

杜波伊斯：「不對，不對，不對！別拉高！不，不，不！」

羅伯特：「壓低啊！」

接下來，羅伯特把他的操縱桿前推，試著擺脫失速，但博寧仍然往後拉著他的操縱桿。飛機辨識出這種狀況，發出了警報，讓機師知道彼此都在嘗試操縱飛機。

羅伯特：「讓我接手操縱，我來駕駛！」

博寧：「交給你，由你操縱……。」

飛機終於下俯，飛行速度開始增加。他們目前距離海面只剩五千英尺——還有機會挽回局面，但容許犯錯的空間快速縮小。博寧仍然處於恐慌狀態，不到十秒鐘內，他又開始把操縱桿往後拉。

飛機離海面剩下兩千英尺，觸動了機上的接近地面警告系統，並發出合成語音：「爬升！爬升！」眼看已經沒有希望恢復飛行，於是機長要他們拉高機首，期盼藉此減少衝擊力道。

杜波伊斯：「來吧，爬升。」

博寧：「我們要墜毀了！怎麼可能！到底發生了什麼事？」

羅伯特：「我們死定了。」

杜波伊斯：「仰角十度……。」

一．四秒之後，飛機以每小時一百二十三英里的速度重重砸向海面，機腹先著地。撞擊力道超過G力五十一倍，使得飛機解體並迅速沉入海中，衝擊力引發的嚴重外傷，造成機上兩百二十八名乘客與機組員全數罹難。整個事件從頭到尾，只發生在五分鐘之內。

交叉檢查表，飛行員保命的重要依據

我分析這場空難並聆聽通話紀錄的次數，已經多到我懶得數了，但每次我都還是驚訝於他們臨終前的那些對話，是多麼令人不寒而慄。一趟例行的航班，怎麼會錯得那麼嚴重又那麼快？

這場空難有許多促成因素，不過其根本原因在於，三位機師在情況無法挽回之前，都欠缺正確的心智模型來掌握發生了什麼事。博寧忘記（或是根本沒學過）**制定決策最關鍵的第一步是：評估問題**。

博寧顯然在引發自動駕駛解除的那段時間心懷畏懼，之後則可能陷入驚恐。他跳過評估問題，直接行動，並把操縱桿往後拉到底；對載滿乘客、在三萬五千英尺高空、空氣稀薄環境下巡航的飛機來說，這項舉動過於莽撞。現代客機相對容易駕駛——工程師把它設計成預設狀態是平穩直飛。博寧把操縱桿往後拉，使狀況變得不穩定，要不了多久飛機便陷入失速。

較有經驗的副機長羅伯特，從未有餘裕去分析一架穩定的飛機，而是被迫陷入動態發展中的狀況。儘管面臨劣勢且過程艱難，他仍然幾度在失速階段差點成功理解問題所在，但每一次他有所進展時，博寧便嘗試了不同的舉動，進一步混淆羅伯特對事態的理解。

事後來看，機長不應該在開進風暴前，把飛機交由缺乏經驗的副機長操控。一旦他這麼做，他就放棄了他的狀態意識，變成一名乘客。在自動駕駛解除之前，他待在機師休息艙，可能在睡覺。他昏昏沉沉的趕回駕駛艙後，面對的是混沌的局面：客機正以每分鐘一萬三千英尺的速度墜落，兩位副機長驚慌失措。直到墜毀前最後的幾秒，在博寧說出自己全程把操縱桿往後拉之前，杜波伊斯機長完全沒有機會對整個狀況建立準確的心智模型。但到了那一刻，已經太遲了。

飛行是項走鋼索般的行動，一個不良決定常常造成災難性的後果。這是個你永遠得承擔衍生風險的行業。正如俗諺所說：**技術差的老飛行員不存在，因為出差錯的後果，通常就是出人命**。這也是為什麼我們會強烈關注決策過程，始終以「這樣做是否可行」的觀點判斷。**光是了解學術理論並不足夠，飛行訓練唯有在真實世界也能應用時才有價值。**

每當我聽到有飛行員墜機時，即使該事故完全可以歸咎於飛行員，我的第一個念頭總是對那位飛行員及其家庭感同身受，一段古老的名言同時浮上心頭：

「每當我們談起在飛行事故中喪命的飛行員時，我們全都應該謹記一件事：他喚起他擁有的一切知識總和並做出判斷。他深深相信自己判斷正確，甘願為此賭上性命。他的判斷失準是場悲劇……每位與他交談過的指導員、上級與同袍，都曾有機會影響他的判斷，所以每當我們折損一位飛行員時，我們所有人也有一小部分隨他而逝。」

我們做出的決定，構成了與周遭世界的連結。唯有在優先評估問題之後，我們才能充分理解問題，並確實做出正確決定。**當我們駕駛戰鬥機時，會使用交叉檢查表來評估**。我們所有的感官都投入這個模型。儀表顯示了什麼？機外發生了什麼事？可以感覺到哪種振動？G力怎麼變化[4]？是否聞得到煙霧或異味？而你解決問題所需要的資訊，便埋藏在這些資料之下。

與其嘗試一心多用——眾所皆知，人類很不擅長這種事——我們會在每項資訊花費一瞬間到幾秒鐘的時間加以理解，然後移至下一項。**祕訣在於別讓自己只專注在單一資料來源，反而犧牲了其他資料**——我們稱之為「被吸進汽水吸管裡了」。一旦發生這種狀況，飛行員將很快失去事件的全貌，看不出他們的行動會如何在所運行的更大系統中發展。

在混亂的環境中找出道理，簡化並組織資訊的能力，並非只適用於飛行，而是在漸趨複雜的世界中穿梭必備的基礎技能。我們接受的資訊比先前世代多上百倍，**需要一套方法快速過濾掉無用雜訊，理解系統中的關鍵部分，才能在所擁有的時間與資源下，創造出超乎尋常的影響**。這就需要判斷力，而判斷力仰賴非線性思考。

4 編按：當飛行器改變慣性，如加減速或以非直線動作飛行時，便會產生G力變化。

第二章

冪次定律——谷歌打敗對手的祕密

人類天生會以線性方式看問題，偏偏世界總以非線性方式呈現，這就是谷歌當年打敗 Excite 的理由——冪次定律。

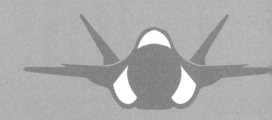

當我在超過一萬英尺的高空與對戰的F–16交會時，剎那之間，我可以從駕駛艙看到另一名飛行員急速從對側飛越我，試圖追蹤我的戰機，他的綠色飛行服與金屬質感的護目鏡融為一體。我在F–16內開始朝著他大迴轉，同時把油門推到底，將後燃器開至最大。

這是我在亞利桑那沙漠（Arizona desert）上空初次戰鬥機訓練任務的經歷之一。在完成官校飛行訓練後，如今我駕駛著我的首選機型，名聲顯赫的F–16「戰隼」，戰鬥機飛行員向來也把它稱為「毒蛇」（Viper）。

在學習了幾個月理論課與操作模擬機之後，**我們進入從「飛行員」轉型為「戰鬥機飛行員」的起步階段——指的是在面對有思考能力的敵人時，如何把飛機性能發揮到極限，並在風險和回報之間取得平衡**。如果我們過度謹慎，敵人的戰術將會利用我們有所保留而出現的漏洞；但如果我們容許過度冒險，將會害自己和其他人陷入沒有必要的險境。我們這些菜鳥戰鬥機飛行員，正在學習並認清這兩者間的細微差異。

在今天的出擊中，我的對手是基地中經驗最豐富的飛行教官之一；他官拜上校，負責管理超過兩千名人員的後備隊伍。他被派駐到戰地好幾次，而且在伊拉克戰爭（Iraq War）初期，曾保護美軍一隊士兵免受敵軍壓制。他正是我們這些剛掛階中尉的菜鳥，渴望成為的那種飛行員。

當我們的戰機彼此交會，我滾轉以使機身倒轉，並把操縱桿往後拉。F–16龐大的飛行操縱面[1]（control surfaces）鑽進氣流，G力也急遽增加。我在地面上是九十一公斤，穿上裝備後則是一百零四公斤。如果你曾經搭過那種翻轉繞圈的雲霄飛車，當感覺頭被下壓時，你大約承受了三倍G力。而在一秒鐘之內，我承受著九倍G力，相當於超過九百三十六公斤的力量把我壓進座椅。

血液從我的大腦被拉向四肢，如果腦部血液流失太多，我將會產生黑視症並昏迷，它有個專有名詞叫做「G力昏迷[2]」。若我在以每小時七百英里的速度筆直往下時陷入昏迷，可能來不及在飛機墜地前恢復意識，歷年來有許多戰鬥機飛行員便是因此不幸喪生。

1 編按：升降舵、副翼、方向舵，為三大主要飛行操縱面。
2 作者按：G-LOC, g-force induced loss of consciousness。

為了對抗這個效應，我開始做起抗G動作（anti-G straining maneuver），這是一組特別的肌肉收縮與呼吸動作，藉此把血液推回大腦。我也穿了抗G服，這種褲子配有氣囊，能阻止血液衝進下肢。不過，儘管裝備齊全且受過訓練，我仍然能感覺到血液從頭部被吸走造成的影響，我的周邊視覺因而縮小，彷彿我正透過中空的紙巾捲筒觀看世界。

我的身體與四肢正被壓進座椅，即使我想抬起手也做不到，因為每隻手臂的重量如今都超過一百一十三公斤。我的胸口有強烈的壓迫感，彷彿上頭停了一輛車；與此同時，我的面罩正把壓縮空氣灌進肺部以調節呼吸。

我的頭盔夾在駕駛艙罩和座椅之間，但我保持視線盯著後方的敵機，發現他也同樣倒轉機身並筆直往下，雙方之間的距離不到一英里，而且都繼續轉向，朝著彼此飛行。

從我的頭盔顯示的擴增實境（AR）介面中，我可以看見一個菱形標示跟著他（代表那是一架敵機），以及所有與之交戰所需的資訊。當我們的機鼻再次相對時，我嘗試朝他發射一枚飛彈，同時拋射熱焰彈遮掩自機的熱信號（heat signature）作為防衛。不過在幾秒鐘後，兩機即將第二度交會，彼此的距離已經少於飛彈最小射程，這場戰鬥很可能要以機砲來定勝負。

我們再度彼此飛越，這次距離近到我可以看見他機身側面塗裝的字樣。他改變了戰術，不再盤旋向下，而是扭轉機翼並垂直爬升。我看見一大團蒸氣雲從他的戰機後方噴出，這是因為剛才的極端操作所造成的低壓帶，使周遭空氣快速凝結並在他後方形成雲團。若想求勝，我得跟他並駕齊驅，同樣垂直爬升，但我的飛行速度不夠，還差五節（接近每小時六英里）才能做到相同的操作。

當我試圖在高G力狀態下繼續盯著敵機時，我在交叉檢查時漏掉了飛行速度這一項。根據飛行時的體感，我知道我的速度僅勉強達標，但我判斷這個速度仍足以施行攻擊性戰略；我誤以為稍微飛得慢一點，只會對飛機後續機動性帶來微小的影響。我調整機翼，開始垂直爬升，並且把油門桿推得更用力，希望能給戰機帶來額外推力。如今兩機都朝著天空直衝，我決心要跟上他。

當我繼續繞圈往上方飛行時，戰機速度急遽下降，使得駕駛艙內響起警鈴，提醒我即將陷入危險飛行狀態。我嘗試放棄操作，改往平面翻轉。戰機如今飛得太慢，速度比在高速公路行駛的車輛還慢，而一旦飛行操縱面少了風阻，我就不再是在駕駛一架飛機，而只是一塊三萬磅重的鐵塊在空中以弧線移動。

我的戰機極盡所能，即將抵達繞圈的頂部，但就是差了那麼一點距離，飛行速度已經降到了零。轉瞬間，我試圖穩定機尾，後燃器也努力抗拒著重力。如果此時飛機高度與海平面相當，我的推力將會大過於機體重量，因此得以加速以脫離失速狀態。但我那時的高度，推力不足以克服重力，於是我開始慢慢倒退——這是一種違反F–16設計的狀態。

F–16搭載多個飛航電腦來評估飛行狀態，它立刻辨識出目前的狀況已超出機體設計限制，並發出「注意、注意」和「警告、警告」的語音提醒我，飛行控制系統也亮起各種警示燈。接著機首朝下，帶來負二．四倍的G力。如果你曾經開車越過小山丘，在下坡時感到胃部一沉，那大約是〇．五倍的G力，也就是如果把那時的你放在磅秤上，你的體重將會是正常狀態的一半。

而在負二．四倍的G力下，我正被超過兩百二十七公斤的力量扯離座椅，駕駛艙內沒有綁緊的東西全都四處彈跳。即使安全帶把我固定在座椅上，我的身體也被扯離椅面幾公分，肩上的安全帶拉得死緊。體內的血液如今迅速往上衝，我的腦部和眼睛充斥著過量血液，導致視野染上一層紅色。

我看向高度表，發現自己已下降了五千英尺，機鼻在捕捉氣流的過程畫出8字型的軌跡。在這種速率下，要不了多久我就會墜落地面。我垂眼望著雙腿之間，找到那根黃黑相間的彈射拉桿。拉動它將會使座艙罩向外炸開，同時點燃座椅內的火箭引擎，使我迅速彈射脫離飛機。我之所以望向它，是希望能確保自己即使在被扯離座椅、身體在駕駛艙內震盪的狀態下，仍然能在必要時刻摸到彈射拉桿。而在腦海裡，我正想著局面怎麼會錯得那麼嚴重又那麼快。

一處的小變化，引爆另一處大危機

戰鬥機飛行員之間流傳著一句格言：「**不管多糟的問題，你都可能把它變得更嚴重。**」意思是，我們駕駛的飛機極度複雜，而且時常在飛行包絡線的外緣操縱。這是非常嚴苛的環境，就算只有一個致動器開關出問題，也足以造成毀滅性的解體。舉例來說，在發生尾翼失效警報的狀況下，緊急檢查清單是這麼寫的：

- 使用減速板可能會造成飛機失去控制。
- 當飛行速度低於〇〇節時，可能會立刻造成飛機失控。

● 頻繁使用操縱桿（即使僅是微小調整），將導致熱度上升，並可能會造成飛機失控。

上述三項操作全都看似正常，但在搭配尾翼失效的狀況下，便可能導致飛機快速變得無法操控而墜毀。

戰鬥機天生就是不穩定的系統，即使只是微不足道的操作，若在錯誤的時間或處境下發生，就會導致飛機墜毀或解體。縱觀飛行狀態，有上百種不太直觀，卻能讓人迅速陷入麻煩的情境，也因此對飛行員來說，迅速評估狀況、列出關鍵要點，並將之納入心智模型的能力非常重要。飛行包絡線的邊緣並非圓滑的曲線，而是飛行員必須學著克服極限的鋸齒狀邊界。不過，這項技能適用的範圍極廣，遠遠超過航空領域。

生活中許多問題是非線性的，微小的變化便會造成巨大的後果，而這個現象時常與我們的天生傾向相反。認知心理學（cognitive psychology）數十年來的研究顯示，我們的大腦很難理解這種類型的關係，總是傾向於線性思考，例如：走了三十步，那麼我們就會距離出發點三十步；如果走了兩倍遠，那麼距離便是兩倍遠。

但這種思維常常讓我們偏離正確解答，例如：假設你有兩輛車，每輛車每年都會開一萬英里；以每加侖[3]（Gallon）燃料能行駛的里程來看，一輛是能跑二十英里的汽車，另一輛是能跑十英里的卡車。若要更換車輛以減少燃料支出，底下哪種選擇較佳？

- 把每加侖能跑十英里的卡車，換成每加侖能跑二十英里的卡車。
- 把能跑每加侖二十英里的汽車，換成每加侖能跑五十英里的汽車。

大多數人在這個問題上，都會選擇更換汽車，因為每加侖燃料能行駛的里程增加了三十英里，在數值和比率上，都比更換卡車來得多。可是，正確解答與我們的直覺相反：更換卡車其實更划算。

目前的卡車每年會消耗一千加侖燃料，而汽車是五百加侖。更換卡車將使消耗

[3] 編按：一加侖約等於三・八公升。

的燃料減少五百加侖，而更換汽車卻只減少三百加侖。

如果你感到意外，是因為你的腦袋把這種關係簡化成了線性問題。每加侖燃料能行駛的里程越增加，所節省的總燃料成長比例便越來越小。這種效應大到即使我們更換了效能極高、每加侖能跑一百英里的汽車，更換卡車仍然更划算。

為了強調人類心智確實傾向於線性思考，我們再來看一個例子：如果我給你一分錢，而且接下來的一個月期間，這個一分錢的價值每天都會翻倍，那麼在三十一天之後，你會有多少錢？請你停下來仔細想想。

大多數人會猜測幾百元左右，畢竟我們並不是自然而然就會運用非線性思考的。但即使在提示對方這是個指數型問題後，許多人的猜測範圍通常也不會高過幾十萬元。但實際上，正確解答是超過一千萬元。

讓事情變得更加困難的是，向來有某些被稱為「反曲點」（knee in the curve）的地方，價值從該處開始快速改變。以剛才的一分錢例子來說，如果改成是在二十天期間價值翻倍，而不是三十一天的話，你估計最後將會有多少錢？由於總天數變成原本的三分之二，線性思考的猜測約會是六百萬元。但因為這是個非線性問題，你可能會猜低得多的數字，例如五十萬元。但正確答案是僅有兩萬元——不到三十一天後總價值的百分之一。第二十天正是價值開始快速改變的反曲點。

若想了解我們身處的這個世界，就得了解這類非線性的關係，它們可以歸類在「冪次定律」這個名詞中。冪次定律掌管著那些無論起始狀態為何，在一處的改變可以在另一處引發劇烈變化的系統，這個定義聽起來有點抽象，但其實，我們全都在生活中體驗過冪次定律的威力。

當某人開始鍛鍊身體時，起初能取得長足的進步，力量快速增加，但進展將漸漸減緩，即使付出同等的努力也一樣；就算再加強鍛鍊，他的能力增長終究會陷入停滯。這也是奧運參賽者間僅有微小差距的原因——所有人都已經把自己的體能和技巧鍛鍊到最佳程度，勝負就在臨場表現的毫釐之間。

儘管大多數人對冪次定律並不陌生，卻很少有人能熟練的把它運用在決策中並保持下去。因為冪次定律能對結果產生異乎尋常的影響，有能力迅速辨識它並理解其中涵義便顯得非常重要。基於眾多因素，人們一直無法把冪次定律納入考量，導致在評估問題時產生偏差，進而做出不好的決定。

接下來，讓我們來看一則商界的實例。

線性思考，害 Excite 錯失兆元商機

一九九七年冬季，幾名史丹佛大學的學生來到加州帕羅奧圖市（Palo Alto）內一家名為「富貴壽司」（Fuki Sushi）的餐廳，準備參加商務會談。這家樸素的餐廳於二十年前開幕，是該區第一家日式餐廳，如今已是矽谷名店。這組學生走進店門，明亮的霓虹壽司標誌迎面而來，與店內身穿日本傳統服飾、正在準備餐點的廚師形成強烈對比。

這場會談之所以特別，是因為這組學生持有一個名為「搓背」（BackRub）的革命性演算法。搓背原本是他們幾年前在校內做的專題計畫，後來繼續用課餘時間在學校宿舍開發，如今發展到史丹佛大學有超過一半的網路頻寬被這組學生用掉。但它欠缺商業模型支撐，他們只把這個計畫當成自己在學術界高升的墊腳石。

會說這個演算法帶來革命性的效應，是因為它有能力為網際網路帶來秩序，而且具有可擴展性。網際網路起初是學術機構用來分享研究論文的一種途徑，後來迅速發展成數位的西部荒野。網際網路的立意在於去中心化，代表不可能將其標準化。任何人都可以用他們喜歡的形式上傳思想、圖片、產品和程式碼。這是個不斷

擴張的數位世界，幾乎將被無用資訊淹沒。如今所有人的疑問是：要如何組織這麼大量的資訊，並讓它們能派上用場？

答案似乎是入口網站（web protal），於是像美國線上（America Online）、Excite、雅虎（Yahoo!）等公司便統整了網路上的內容，在精心規畫的首頁上為使用者呈現他們所需的一切資訊。不像現代有人工智慧和機械學習來創造客製化的使用體驗，這些網站的主介面是提供一體適用的解決方案。

實質上，入口網站相當於數位化的報紙，使用者會登入並瀏覽這些經過統整的內容，並點擊感興趣議題的連結來深入閱讀。對大多數使用者來說，這種體驗已讓他們足夠滿意，畢竟許多人常常只花幾小時逛網路。問題是，這種做法會讓使用者只接觸到現存資訊的極小一部分。

許多入口網站確實在介面底部提供了一個小小的搜尋方塊（search box），作為尋找特定字詞之用。在使用這種搜尋之前，使用者還必須在下拉式選單選擇：預設選項是只在入口網站內統整後的內容中搜尋，第二個選項是在精選的新聞網站中搜尋，最後一個選項是在整個網際網路搜尋。

當時只有不到五％的使用者選擇搜尋整個網路，不只因為那是個新概念，更是因為所獲得的搜尋結果非常糟糕，搜尋頁面上會出現大量的無用連結，他們被迫自行爬梳這些內容。一旦體驗過幾次失敗的搜尋，一般使用者便會認定這項功能只是華而不實的把戲，從此不再嘗試。

在富貴壽司餐桌旁與這組學生相對而坐的人士，是科技巨擘 Excite 公司的兩位創辦人。Excite 是彼時世上第二大的入口網站，也是全球網站閱覽總次數的第四名；當時它剛上市，公司估值超過五十億美元。相較於其他入口網站以傳媒公司的概念來經營，Excite 顯得格外獨特——它從科技公司起家，並關注內容背後的基礎設施。

到那時為止，Excite 這個戰略成效豐碩，使它能在競爭者中保持技術優勢，因此成為全世界成長最快速的公司之一。儘管 Excite 飛速成長、具有高額估值，兩位創辦人深知公司的長期生存能力，仰賴於解決搜尋問題。

表面上，搜尋問題似乎很單純——把使用者在搜尋方塊輸入的關鍵字，拿去跟網站內容比對，判斷它們的出現次數多寡，相似度最高的結果就會排名最前。這個概念並不新穎，因為當時電腦已經出現了將近三十年，俗稱的「資訊檢索」（information retrieval）技術被普遍使用，不過只有在學術圈這種，僅有幾千人上傳標準化優質內容的環境下，這項技術才得以順利運作。

由於網際網路以指數型成長，且內容充斥著無用資訊，導致資訊檢索無法收效。這個問題使得專家們日益感嘆網際網路的失控，憂心它無法帶來他們所期望的變革。當年一位開發領銜搜尋引擎的主任工程師，巴瑞．魯賓森（Barry Rubinson）曾說：「這完全是巫師在搞巫術，如果有人跟你說這合乎科學，他只是在唬你。第一個問題是，相關與否見仁見智。第二個問題是，要怎麼搞懂使用者在搜尋方塊中輸入的那些簡短得惱人、相當難以理解的關鍵字。」

當時評估搜尋引擎能耐的有效方法，是以「大學」這個詞來搜尋。理論上，搜尋排名最前的應該是各主要大學的首頁連結，但搜尋引擎會檢索所有包含「大學」這個詞的頁面，其中多數是販售商品給學生的無用網頁。

為了簡化搜尋結果，入口網站嘗試增加分析其他因素，例如關鍵字的大小寫、字體大小和位置等。但這很快就變成一場貓捉老鼠遊戲，網站時常會把有吸引力的關鍵字，以使用者看不見的形式藏在頁面裡，藉此引流更多來訪者。在當時，使用傳統技術的搜尋引擎已開始失效。

這組史丹佛學生則以另一種方式來解決問題。他們創造出一種關聯：連結——

即使用者點擊後會跳轉去瀏覽的頁面——就有如學校課本末尾的參考文獻欄目，而一個頁面被引用越多次，代表其可信度越高。垃圾頁面儘管有著正確的關鍵字，仍然可以被搜尋引擎剔除，因為其他網站都沒有引用它。事後來看，這個概念非常簡單，但當時所有主要入口網站都沒有想到。

儘管這個想法非常簡單，實際上卻很難運作——我們能清楚辨識出某個網站對外部的連結，但要反向找出哪些連結連至某個網站就困難許多。為了讓這個系統能順利運作，這組學生必須為網際網路的連結結構制定出詳盡的地圖，而完成之後，這張地圖就像一張飛機航線圖，立刻就能看出樞紐城市所在。

為整個網際網路繪製地圖，是個令人望之生畏的問題。網路上已經存在無數網頁，而他們的團隊只有區區四人，光是人工登記這些既有的網站便要花費幾百年，這還沒算上每天新增的幾十萬個網頁。不過這組學生發現，「點擊連結」是個簡單的任務，不需要多少解釋，非常適合用俗稱「網路爬蟲」（web crawler）的自動化程式處理。

網路爬蟲會持續追蹤並索引它所找到的連結，為網際網路繪製出地圖。於是對這組學生來說，網際網路的爆炸性成長並不是阻礙，反而能成為他們的資產，因為網路爬蟲找到越多連結，就越能為那張地圖增添細節，最終產生更好的結果。輔以那時已在使用的傳統資訊檢索技術，搓背的演算法表現能夠比其他競爭者更好，而且具有可擴展性。

Excite 的創辦人開始在餐廳內輸入搜尋字串，並且讚嘆於搜尋結果——這組學生確實開發出更好的搜尋工具，雖然不算是顯著進步，但仍然獲得了更佳的搜尋結果。不過在聆聽這個演算法是如何運作，並理解其反向連結（back-link）結構與網路爬蟲設計之後，兩位創辦人明白，這就是網際網路的未來。

這組學生打算賣掉這個演算法，因為對他們來說，這個專案計畫已經成了追求學術成就的負擔，他們想要放手了。此外，他們也沒有辦法從中獲益，而且已經有好幾家公司拒絕購買它。Excite 用一百六十萬美元就能買下它，這組學生甚至願意花幾個月時間去 Excite 的總部支援，把這個演算法整合進 Excite 的基礎設施。他們唯一的要求是，所有事情必須在大學秋季學期開始前完成，讓他們能不受影響的專心回歸學業。

對 Excite 來說，這項交易非常美妙。兩位創辦人知道，這個演算法能讓 Excite 成為世上唯一能為網際網路帶來秩序的公司，而且具有可擴展性，億萬美元的收益指日可待。唯一的問題是：兩位創辦人對他們自己的公司並沒有掌控權。

七十五名評審與整個網路的對決

科技公司是全世界商業競爭最激烈的領域之一，其中一個原因是，它們受到電腦程式碼高度影響，代表可以飛快擴展。複製軟體所需的費用，遠比複製實體產品來得少。

也就是說，軟體一旦開發完成，所有人都有辦法取用，這跟其他類型（例如餐廳）的情況不同。紐約的牛排館並不會把德州達拉斯的牛排館視為競爭對手，因為旅行所須花費的時間和金錢，將使消費者明顯偏愛其中一家牛排館。兩家餐廳就算一模一樣，仍然可以在各自的生態圈中生存。

但科技公司必須在大得多的生態圈中競爭，這是個高風險、高報酬的行業，一個領域內的頂級公司能賺上數十億美元，次一級的掙扎求生，等而下之的只能關門歇業。為了在這種環境競爭，新創公司時常連續幾年毫無利潤，燒掉幾百萬美元來建構基礎設施與吸納人才，期盼未來能達成大規模採用（mass adoption），屆時利潤將隨之而來。

Excite的創辦人與這組學生有許多相同之處，事實上，他們五年前也曾經就讀史丹佛大學，而且當時加入並在其中鍛鍊技術的電腦實驗室，也跟這組學生一模一樣。當年他們欠缺資金與雅虎或美國線上這樣的網路巨頭競爭，為了解決現金問題，他們找上創投公司資助，透過放棄Excite的多數股權，換取能讓他們更快擴展的資金。

創投公司是由頂尖學校畢業的幹練人士所經營，但當年他們欠缺網路相關專業知識。此外，他們對領導的思維也不同。那時候的主流科技公司領導階層與今天不同，並不崇尚以工程師為尊的價值觀；業界普遍相信，如果一家公司想被人正眼看待，就得由商務主管（通常是常春藤名校畢業生）來領導經營。最知名的案例就是蘋果公司開除其創辦人史帝夫．賈伯斯（Steve Jobs），改由原先曾在百事可樂任職的一名經理人擔任執行長。

一旦創投公司掌握了Excite的控制權，便開始推動公司改組，把創辦人的職位降階，然後徵詢獵頭公司協尋新的執行長——他們想找一位有高級主管風範、上班時西裝畢挺的人，而不是像創辦人那樣老是穿著籃球褲的傢伙。他們打算為這幾個二十來歲的創辦人，添加些業界口中的「大人」來監督。最終，他們僱用了喬治．貝爾（George Bell）。

貝爾是當代典型的執行長，他在哈佛大學取得英語學位，並因參加壁球校隊獲得表揚。畢業後的十年間，他擔任戶外紀錄片的製片，旅行各地拍攝瀕危物種與日漸消失的部落。業界皆認為貝爾口才極佳，就算他時常不在美國境內，卻總是能為紀錄片籌措到資金。後來他結束四處旅遊的製片生涯，最終晉升為一家媒體公司的總裁。

貝爾相信，與其他企業合作是 Excite 跟上市場脈動的關鍵。透過他在製片生涯中養成的銷售技巧，他很快用二〇%的 Excite 股份跟美國線上談定協議，讓對方獨家使用 Excite 作為搜尋引擎，接著再用一九%的股份，跟開發了理財軟體 Quicken、稅務管理軟體 TurboTax 等產品的產業龍頭財捷公司（Intuit，或稱直覺軟體公司）談定為期七年的合作。為了拓展使用者基數，他收購了商品比價搜尋引擎 Netbot，之後又與票務大師（Ticketmaster）網站談定提供網路直接訂票的服務。

貝爾的戰略相當於網路界的閃電戰，每隔六到八週，他就會收購一家新公司。他把網際網路視為數位化的房地產業，經由控制有價值的地段，例如美國線上一〇%的主介面，便能把人引流至 Excite 的入口網站，然後藉此產生廣告收益。貝爾喜歡把 Excite 形容成「一站滿足你所有需求」的網站。

為應對日益嚴重的垃圾資訊問題，貝爾在搜尋引擎界推動第一宗重大合併案，以一千八百萬美元買下麥哲倫搜尋引擎（Magellan），使 Excite 成為全世界最頂尖的網站評級團隊之一，七十五名評審日以繼夜的對各網站做出單句評論。這不只有助於為網際網路帶來秩序，也能確保 Excite 只跟優質網站打交道。到目前為止，Excite 已經累積了超過四萬筆評論。

在那場位於富貴壽司的會談結束之後，Excite 的創辦人向公司請求收購搓背的演算法，但被貝爾拒絕。當時 Excite 已是舉世聞名的最佳搜尋引擎之一，而且依照貝爾的看法，在併購麥哲倫之後，他們已經解決搜尋問題了。創辦人對此表達反對，並成功說服公司再次考慮那組史丹佛學生的提案。

在該次會談，由於學生們已別無選擇且時限在即，於是他們把收購價格降為七十五萬美元；只要能讓他們脫身並回歸校園，Excite 可以擁有他們所開發內容的一切權利。創辦人堅持 Excite 應該接受這筆交易，但公司對於買或不買沒有定見，便要貝爾跟那組學生見面會談。

會談當天，學生們來到中點科技園區（MidPoint Technology Park），Excite 新落成啟用的總部所在地。他們帶著電腦和簡報素材，走進將近兩千五百坪的玻璃大樓，直接前往貝爾的辦公室。他們架設好電腦，然後開啟兩個視窗，一個是搓背，另一個是 Excite——他們要讓兩者正面交鋒，比個高下。

在這次對抗中，搓背的表現比 Excite 好，但不至於有顯著的進步。搓背似乎欠缺革命性的效應。最終，貝爾有了結論：他不必為了七十五萬美元的事情太操心——他可以買下搓背的權利，扼殺未來的競爭者，然後把這項技術束之高閣，有需要時才拿出來研究。

可是，學生們開啟這項專題計畫並非為了賺錢，而是因為他們看出網際網路的潛力，希望自己能讓它變得更實用。他們在合約中加入了一項條款，要求買方一旦購入演算法就必須加以使用，而這正是交易告吹的主因。

Excite 的收入來自於人們留在它的入口網站，如果 Excite 控制某個網頁，它可以向廣告主兜售該網頁。但當人們將入口網站用來搜尋，接著就離開 Excite 網站，它便失去了這名潛在的使用者。這個現象被稱為網站的黏著度（stickness），這是當時最重要的指標之一，使得貝爾認為如果搜尋引擎「表現太好」，反而會帶來負面效果。**這項認知，加上他相信搜尋問題已經解決，導致他拒絕了這項交易。**

理解冪次的谷歌，笑到了最後

接下來的一年半時間，這組學生洽詢的所有公司全都拒絕了他們的提案。其中一名學生表示：「我們沒辦法引起任何一個人的興趣。我們確實有收到報價，但我們並不是想賺大錢，所以我們說：『算了。』然後回史丹佛再改進它。」

這組學生最終把搓背發展成了：「反入口網站」——它的主介面簡化到極致，沒有數百個連結和廣告，只有一個搜尋方塊和兩個按鈕。這種設計一部分是因為他們沒有資源去增加其他東西，但更主要是因為，這也能讓網站的讀取速度更快——這點成為他們早期的核心原則之一。

自一九九七年冬季那場會談後，網際網路界有了巨大變化。Excite很快與@家庭網路公司（@Home Network）談定震撼各界的六十七億美元併購案，這是當代最大規模的兩家網路公司合併之舉。不過在兩年內，這個企業集團深陷高額虧損而崩潰，股票市值下跌九〇％，導致它被迫聲請破產。這家公司後來被分拆出售，低價賣給原先的競爭者。

而那組學生持續專注於精進搜尋技術，他們所做的一切，都是為了讓使用者感覺更有效率，完全不考慮自家網站的黏著度。最終，他們破解了網站的營收問題：針對使用者輸入的搜尋關鍵字，他們開發出能讓廣告主競價的系統。

身為少數能駕馭網路的公司之一，他們與網路一同成長。他們希望把這個專案轉型為公司經營，決定更改搓背演算法的名稱。起初他們認真考慮過「萬問方塊」（the Whatbox）這個名字，但最終從一個數學術語找到靈感：古戈爾（googol）代表一後面掛上一百個零，於是他們玩起文字遊戲，決定自稱谷歌（Google）。如今，由史丹佛畢業生賴瑞·佩吉（Larry Page）和謝爾蓋·布林（Sergey Brin）創立的谷歌，市值已超過一兆五千億美元。

我們不可能知道，如果貝爾當年買下了那群學生的演算法，Excite 是否會發展得跟谷歌一樣成功，不過拒絕那項交易如今已被視為史上最糟糕的商業決策之一，後續更促成公司倒閉。根本原因在於，貝爾**不只對冪次定律的理解不夠深入，也不明白他所面對的問題與冪次定律之間的關聯**。他沒有預料到網際網路的指數型增長，將會劇烈改變目前運行的系統。僱人評比網站是線性的解決方案，這種做法在書籍、電影和產品類別之中行得通，因為跟客戶群總數相比，需要評比的項目少得多了。

可是任何人只要有一臺電腦，網路便能賦予他在幾小時內建好網站的能力，這導致網站總數的成長速度非常驚人。話說回來，貝爾沒有掌握關鍵倒也可以理解，因為在一九九七年時，網際網路還沒有抵達反曲點。這就像是一分錢問題在第十天的狀況——如果你拉近來看，那時候的圖形的確就像是以線性成長；但在幾年之內，它便產生了顯著成長。**如果今天哪家公司想學 Excite 那樣以人工評比網站，恐怕會需要僱用幾十萬人**。

不過，一九九〇年代晚期的那些入口網站公司，其實沒有意識到更基礎的冪次定律。乙太網路的早期發明人之一羅伯特．梅特卡夫（Robert Metcalfe），根據冪次定律制定出梅特卡夫定律（Metcalfe's Law）：「一個網路的價值，會隨著使用者數目的增加，而呈現指數型增長。」

舉例來說，如果你是世界上唯一擁有電話的人，那麼它毫無用處；即使多一些人擁有電話，價值仍然有限；但如果大多數人擁有電話，它就會非常有價值。社群媒體、交友軟體甚至網際網路本身，也適用相同的道理。入口網站有如瓶頸，限制了使用者能接觸的連結數量；它是線性的解決方案，使網際網路淪為平凡無奇的數位化報紙。

而因為網際網路在那時是嶄新的事物，大多數使用者滿足於現況，但谷歌移除了瓶頸，讓使用者能夠取用網際網路的完整威力，又不至於失去掌控。使用者因此迅速轉投谷歌的搜尋引擎，導致入口網站全面敗退。這項網路效應無比強大，以致現代任何一家數位公司，常有高達七〇％以上的價值取決於此。

冪次定律的三種樣貌

冪次定律掌控著我們周遭的世界，並被廣泛應用於物理學、生物學、心理學、經濟學、氣象學、犯罪學與其他諸多領域。以生物學為例，克萊伯定律（Kleiber's law）指出，動物的基礎代謝率並非根據其體型線性成長，而是遵循冪次定律，例如一隻貓即使比老鼠重了一百倍，但只需要三十二倍的能量就能維持生命。這是一種「越大越划算」的形式，因為體型變成兩倍卻不需要消耗兩倍能量。

令人驚訝的是，克萊伯定律適用於動物世界的大多數狀況——即使乳牛比貓重一百倍，鯨魚又比乳牛重一百倍，牠們也都能套用這項定律。而因為壽命與代謝率息息相關，所以老鼠只能存活幾年，鯨魚卻可以活上超過八十年（人類的存活時間在醫療保健與科技發達的幫助下，如今比根據我們體型預測的壽命還長得多）。

能快速辨識出遵循冪次定律的因素，是「精英螺旋」在評估階段的重點，它使我們可以優先考慮最會影響決策的關鍵。雖然現存各領域都幾乎存在上百個適用特定範圍的冪次定律，但我們可以把它們簡化為三大類，藉此快速在交叉檢查時排出先後順序。

1. 指數型增長

指數型增長用來表示人口增長、病毒傳播、複利成長、電腦演算能力增加等諸多狀況。指數型增長代表**當數量增加時，其成長率也會跟著增加**，導致成長隨著時間而加快。

指數型增長的圖形看起來像是字母J——起初緩慢增加，接著快速遽增。一個簡單辨識出指數型增長的方法，是**觀察它的倍增時間是否保持一致**。例如，如果某個城市的人口數，在十年間從一萬人增加到兩萬人，下一個十年間又從兩萬人增加到四萬人，後續以此類推，這便是指數型增長。

還有一個快速計算指數型增長的技巧，稱為「七十法則」（rule of seventy）。用七十除以成長率，就能找出倍增時間。例如，你的投資每年會成長七%，用七十除以七，就能很快看出你的資金每十年會翻倍。

2. 報酬遞減

從高級跑車為何這麼貴，到洗衣服為什麼只需要用少量清潔劑，許多關係都能用報酬遞減法則來描述。報酬遞減是用來指稱，**即使投入的資源和努力增加，所獲得的報酬卻變小**的狀況。報酬遞減的圖形會快速爬升，但幅度逐漸變小。在某些案例中，報酬最終有可能降為負值。

舉例來說，某家餐廳只有一名廚師，如果餐廳生

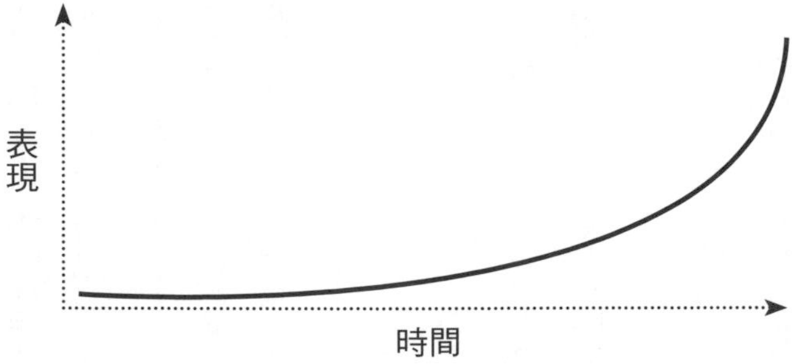

▲ 指數型增長的圖形

意興隆，只有一名廚師可能會是營業上的瓶頸。僱用更多廚師能解放餐廳的潛力，每多僱用一名新廚師，就會增加餐廳能製作的餐點量，但這種成長率，自某個階段起將會越來越小。根據僱用廚師的成本，在某一刻將會發生僱用新廚師不再划算的狀況。

就算不考慮成本問題，廚房終究會塞滿人，即使你找的都是免費勞工，僱用新廚師仍然會造成阻礙，導致報酬成為負值。

3. 長尾定律

長尾定律（long-tail power law）是經濟學家維爾弗雷德・帕雷托（Vilfredo Pareto）提出的知名「八十／二十法則」之基礎，他發現義大利是由二〇%的人士掌控著八〇%的土地。這種「**較大比例的影響和成果，源自於較小比例的投入**」的概念，已經

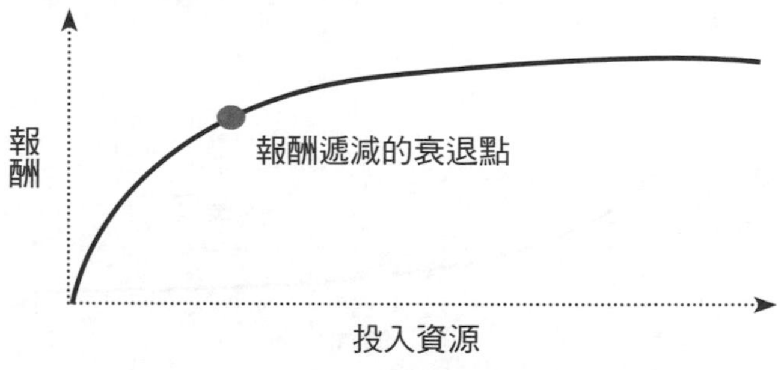

▲ 報酬遞減的圖形

在公司規模、收入排名、節目收視人數，甚至是人類細胞的核糖核酸（RNA）編碼中獲得證實。長尾定律的圖形起初位於高點，然後快速下降，但下降的數值會越來越小，最後在趨近零的過程中，看起來就像一條長長的尾巴。

舉例來說，以語言學家喬治・齊夫（George Zipf）命名的齊夫定律（Zipf's law）表示，某種語言中最常使用單詞的出現頻率，將會是第二常使用單詞的兩倍，以及第三常使用單詞的三倍，以此類推。

在英文中，「這」（the）是最常使用的單詞，在所有詞彙中的出現率幾乎占了五％，第二常使用的是「的」（of），出現率略為超過三・五％，接下來是「和」（and），出現率大約二・四％。對某種語言的初學者來說，這個現象可以總結為：只要學會該語言中最常使用的一百三十五個字詞，就可以說出母

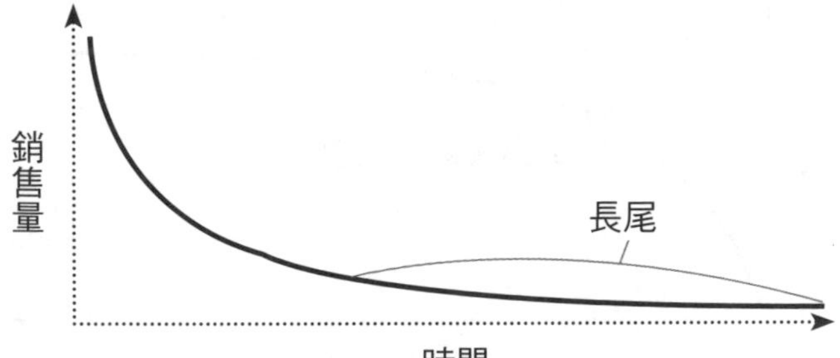

▲ 長尾效應的圖形

語使用者使用的半數語彙。

轉折點

不只是冪次定律，在另一個系統中，經常會發生**在事件的起始端僅有微小變化，卻在末端造成不成比例影響的現象**。這些轉折點代表，關鍵時刻小小改變可以造成重大影響。以水為例：華氏三十三度和三十一度，兩者溫度似乎差異不大，但這個溫差足以影響水是否凍成冰（華氏三十二度等於攝氏零度）。俗話中的「壓死駱駝的最後一根稻草」，也是轉折點的範例。隨著壓在駱駝身上的重量變化，最終導致即使是微小的重量，也會對駱駝健康產生重大影響。

所有領域都可以找到轉折點，但通常很難設想

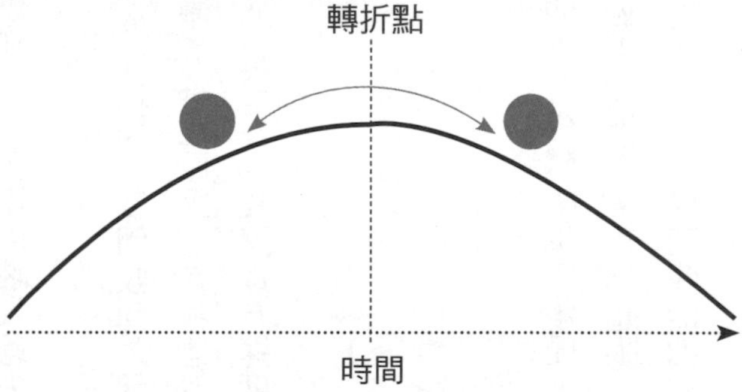

▲ 轉折點的圖形

出這個概念，因為它們是以極端非線性行為的形式呈現。即使知道轉折點的存在，如果我們沒有親自體驗過它的模樣，便會時常面臨「學到的知識難以融入過去經驗」的困境。

我們已熟悉各舉動會對整體系統產生何種影響，但突然之間，我們收到跟預期截然不同的結果。這就是當時我把F-16駕駛到失去控制的終極原因。在我急於垂直爬升以追上敵機時，沒有理解交叉檢查自身飛行速度的重要性。我誤以為速度稍微慢一點，只會對結果造成微小的影響。

重拾掌控

我的F-16機鼻持續在空中晃動，我和駕駛艙內一切沒有綁緊的東西承受著劇烈震盪。我感覺自己像是處在某張試圖撕裂我的巨型動物大嘴裡面。我抬起眼，把目光從彈射拉桿挪開——我先前想確保自己熟知彈射拉桿的位置，好讓我能把剩下的時間用來掌控飛機。

接著，我看著飛行高度表，同時開始執行我在訓練時背下，當飛機失控時該如何恢復掌控的檢查清單：我放鬆操縱桿，把油門桿拉到怠速位置，然後重新啟動飛航控制電腦。

不過F-16的機鼻仍在空中晃動，模樣宛如樹葉從樹上掉落，於是我進行下一步。以左手摸索到手動俯仰修正（manual-pitch-override）開關，它的功能是讓我暫時關閉飛航控制系統，純手動操縱飛機。我按著開關，同時在每次機鼻朝下時下推操縱桿，機鼻朝上時則拉起操縱桿——就像把汽車顛簸的開離雪坡。

最終，機鼻開始穩定朝下。如今我正在筆直往下，但我的飛行速度仍然遠低於標準。在我被肩上安全帶緊緊綁住時，我可以看到蓊鬱的山林急速接近。我用力把油門桿推到底，並且將後燃器開至最大，讓飛機猛然加速，直到飛行速度高到讓我能拉回操縱桿。

機鼻朝上劃過天空，我感覺到G力增加、身體被壓進座椅。我的飛行路徑終於恢復水平，我成功從飛機失控中重拾掌控，只要再多墜落幾千英尺，我就會撞毀在山上。我差點因為對冪次定律和轉折點欠缺理解而喪命。

在這個時代，每個決策的影響力都被放大了

現在我們已對非線性行為和冪次定律更加理解，下一個問題是：**我們在分析問題時，要怎麼妥善的辨識出它們？**

首先，我們要對自身的線性偏見更有意識。**人類天生就以線性觀點看待世界**，而且在歷史上的多數時刻，就算把冪次定律的現象誤認為線性關係，也不至於引發重大問題，因為當時世界上的槓桿效應沒有那麼顯著。

不過在現代，科技讓我們決策所帶來的影響力大為增加。每個決定的力量都被放大，造成遠大於我們自身能產生的後果。舉例來說，昔日村莊的漁夫不太需要擔心水域捕撈過度的問題，因為他們使用的工具限制了能造成的影響。但是如今，一小隊現代化的大型拖網漁船若不經控管，便有能力在數年之內摧毀整個生態系統。

對抗線性偏見的下一步，是把資料畫成圖形。原始數據是人類難以處理的抽象內容，但如果畫成圖形，便常常會浮現出某種模式。我們可以把這些資料中的離散點，快速轉化為對整個系統的理解，這有助於人們對自身問題找出正確解答。

例如，研究員發現人們容易錯估車速增加時能省下的時間，這是因為，他們所

見最顯著的資訊是車速，再加上線性偏見後，導致他們相信車速與省時之間是線性關係。但實際上，兩者是長尾定律關係。

時速從四十英里提高到六十五英里時，每十英里大約可以省下六分鐘，但當時速從六十五英里提高到九十英里時，儘管車速增加了同等幅度，節省的時間卻只有前者的一半左右。這種誤解，時常導致人們不必要的開快車，使得油耗效能差，又更容易發生事故。

不過研究員發現了克服偏見的方法：加上一種被他們稱為「節奏測量儀」（paceometer）的儀表，用於顯示每行駛十英里所需的時間。這樣做能大幅改善人們在估計省時多寡的精準度，於是可以更恰當的在車速、安全性與油耗之間取捨。

另一個看出是否存在冪次定律的方式，是使用極端的數據點（data points）。如果縮短距離，只要離得夠近，每張圖看起來都會像是線性圖像，但如果放遠來看，就能快速看出彼此的關係顯然並非線性。

以複利展現的威力來說，與其將回報率設定為五％到一〇％，不如定為一〇〇％；與其使用年利率，不如用日利率。這樣就跟前文提過的一分錢問題一樣了，並可以戲劇化的展現出指數型增長的影響。一旦你理解到冪次定律牽涉其中，接下來你就能使用更真實的數據來改善解答。

精英螺旋的每個步驟，都建立在前一步之上。**妥善評估問題是良好決定的基礎，你不可能在欠缺評估的狀態下持續做出好決策**。妥善評估問題未必需要耗費很多時間，通常只需要花上幾秒鐘。不過要想達到這種程度，你得不斷的練習，讓它成為你的第二天性。

第三章

紅旗演習，磨練出我的第二天性

每次飛行前，我會回顧相似的任務，努力複製曾經做得好的部分，避免重蹈覆轍，這種持續改良的過程，讓決斷力成為我的第二天性。

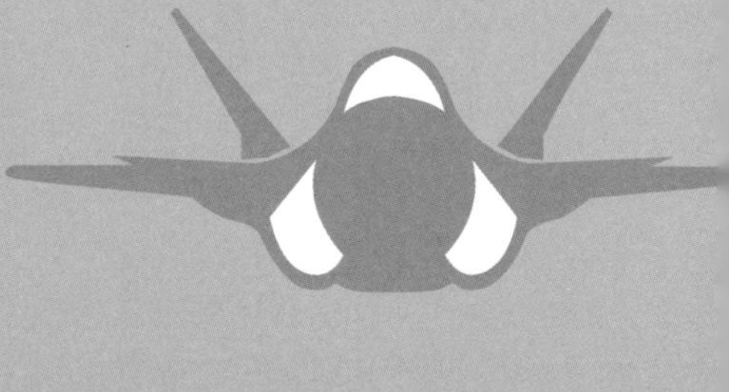

阿富汗，楠格哈爾（Nangarhar）省，當地時間下午五點三十分

在阿富汗南部執行武裝掩護任務幾個小時之後，我與僚機駕駛F–16急速橫越國土，前往救援一支美國陸軍遊騎兵的車隊，他們正遭受攻擊且無法脫身。這支車隊在完成掃蕩任務之後準備回營，途中遭遇持有自動槍械的伊斯蘭國（ISIS）武裝分子並交戰。

由於任務時程拉長，這支遊騎兵隊伍已經資源匱乏，也缺少空中掩護。隨著夜色快速逼近，我們必須立刻消滅武裝分子，否則一旦美軍受困的消息傳開，伊斯蘭國將會調遣該區域的人員增援。

全速飛行幾分鐘後，我們來到現場上空，開始與遊騎兵們聯合作戰。在無線電通訊中，他們要求立刻攻擊幾處伊斯蘭國的機槍陣地。我們找出目標，接著我與僚機丟下五百磅重的衛星定位導引炸彈，每顆炸彈皆摧毀一處機槍陣地，使得遊騎兵們可以慢慢繞過敵軍。

沒多久，我們的炸彈就用完了，但敵方狙擊手仍然在攻擊遊騎兵，於是我們改為使用雷射火箭（laser rocket）——我們搭載的新銳武器之一。

雷射火箭原本是設計給直升機使用，彼時才剛批准戰鬥機搭載，我們是最先使用的中隊之一。實際上，我們當中多數人都沒聽過這批火箭，直到戰鬥任務派遣中途才被告知有幾百枚可用，使得大家都忙著研究怎麼妥善運用。

我們的航電系統原本甚至沒辦法搭載這種火箭，我們得對機上的電腦做手腳，讓它以為自己搭載的是舊型非導引炸彈。不過雷射火箭正是以導引見長，發射之後能持續被飛機安裝的雷射導引，配合我們能在數英里外觀測並放大目標的標定莢艙，創造出極度適合在阿富汗交戰的致命組合。

我開始發射雷射火箭，每次射出時，我都會朝目標俯衝，按下紅色的武器發射按鈕（又被稱為「醃黃瓜按鈕[1]」），然後看著火箭從機翼飛馳而去。接著我從俯衝中拉起飛機，並使用油門桿上的游標導引火箭擊中目標。我們把這種火箭稱作「釘槍」（nail driver），它幾乎總能擊中我們稱為「小屋」（shack）的目標。

---

1 譯註：pickle button，此外號的由來大致有兩類說法：其一是，在宣傳精準瞄準系統時，曾以「能在高空中把炸彈投進地上的酸黃瓜罐裡」來描述；另一說法是，F-15「鷹式」（Eagle）戰鬥機的操縱桿上共有七個按鈕，這些突起物加上操縱桿的形狀，被飛行員笑稱像是醃黃瓜。

那時是日落時分，塵土飛揚的空中染上一層朦朧的深紅色。在我們交戰的峽谷內，一塊塊低層的厚實雲團開始互相結合，一股風暴即將成型。這些景緻加上周遭一萬英尺高的山脈，令人感覺彷彿置身異世界。

發射幾發火箭後，我的飛機進入「雷明頓」（Remington）狀態，意思是機上的武器就只剩下機砲——舊時代留下的遺緒，如今只被當成最後手段使用。

運用智慧型武器時高度注重程序，所以飛行員主要把心神放在處理相關系統，確保自身已完成發射武器所需的眾多檢查。這是一項相當費神且需要技術的操作，但對於飛行這部分的要求並不重。

相對來說，運用機砲則需要「操縱桿與方向舵」（stick-and-rudder）的技術，可能是所有機動中要求最嚴苛的。運用機砲時，你得完全不能出差錯的衝向地面才能接近敵軍，接著還得對戰機操縱保有某種程度上的體感，才能順利滾轉並準確射出一陣彈雨。這項戰術背後，有著多到令人意外的學術理論和數學需要研讀，使其成為最難精通的技術之一。

飛行員若想改善駕機低空掃射的能力，必須對這項戰術的理論有著深刻理解，才能在瞬息萬變的飛行下，快速將其納入考量。接下來，還得把知識轉化為飛行直覺，才能在關鍵時刻習慣使用。

我還記得第一次上低空掃射和非導引炸彈空投課程時，完全搞不懂上課內容。我以為這會像是持槍射擊一樣：對準目標，扣下板機。但加上飛行速度的影響後，相關的幾何學變得複雜許多。我們不只要考慮子彈射出後的彈道，也得把自機的俯衝角度和速度（通常約每小時六百英里）納入考量。

此外，讓子彈射中目標只完成這項機動的一半，另一半是要安全的從俯衝中拉升，而這常常得在離地僅有一百英尺的情形下操作。我們攜帶的每一種武器，都有各自不同的直擊條件，且需要在飛行時精準達成才能運用——俯衝角度太陡的話，飛機可能會飛得太高，導致掃射成效不佳，而且後續拉升會更為困難；若俯衝角度太平緩，飛機又會太低而容易撞擊地面。

就算設定了完美角度，我們仍可能衝向設置於高空或低空的鋼索，兩者都會對飛行路線造成負面影響，代表我們必須在起初設定俯衝角度時就加以抵銷。因為子彈或炸彈是在離開飛機後往地面落下，我們還得考慮它們與飛機之間的關係變化：飛機是直線飛行，而武器離機之後立刻會呈弧線移動。

在了解這個課題後，我們開始學習所謂的「捷思法」（heuristics），也就是在心智上抄捷徑，讓我們可以快速設定正確參數，其中最有用的概念之一叫「駕駛艙罩法則」（canopy codes）。

當我們垂直飛向目標時，可以等到目標與駕駛艙罩上某個特定位置排成一直線後再開始滾轉。這個技巧讓我們可以設定完美的俯衝角度，不必煩惱飛行高度與距離。不過，F-16的駕駛艙罩設計與其他飛機不同，使得這個技巧難以學習。

F-16最棒的特色之一，就是氣泡式駕駛艙罩，讓飛行員幾乎可以觀測周遭三百六十度的視野。這景緻美到我們不會形容自己被綁在飛機裡，而會說飛機被綁在我們的背上，因為這種駕駛艙罩設計得令人感覺自己在空中漂浮。

但它的缺點是，上頭沒有任何物理性標記能作為參考物，你得自己想像出來。學員時代，我們偶爾會用油性筆在駕駛艙罩上做標記，後來進化成伸出手來衡量目標與駕駛艙罩底部的距離——以我的坐姿高度為例，正確的位置是比駕駛艙罩框上一個拳頭加拇指再高一點。但在做過幾百次低空掃射後，你終究會自然反應出來。在理論、捷思法和練習之間，我們建立了一套環環相扣的認知，使得它成為我們本能的延伸——不必思考就能運用。

在腦海中，看到未來的飛行路徑

伊斯蘭國武裝分子持續射擊遊騎兵，如今天色漸暗，我開始能看見他們槍口冒出的光焰。我俯衝至較低的高度，並縮小我朝目標盤旋飛行的軌道。

雲團如今成為必須考量的因素。我的位置在山谷中間，兩側是高聳的山脈，如果我飛進雲團，很可能會讓我撞進其中一側的山脊。這代表我不能以穩定的軌道盤旋，必須上下移動以避開厚實的雲團，但這也讓我跟目標的距離不斷改變。

自從方才第一次看到槍口焰後，我的目光始終沒有離開敵方，因為我不想跟丟躲藏在林木後方的他們。這使得我不能把F－16的感測器對準目標，完全得仰賴這些年培養出的飛行直覺與手動操作。

我低空飛行，可以看到除了兩側的山脈之外，越過目標後有一處上升地勢。在我低空掃射完畢後，機鼻將指向其中一側山脊，我得像穿針引線般飛過山脊線之間的狹縫。即使F－16是全世界轉彎性能最好的機型之一，在高速飛行的限制下，它轉彎時會在空中劃出弧線路徑，跟汽車急轉彎的狀況並不相同。這代表在駕駛F－16時，**你必須很早就預測出自機未來的位置，否則很容易撞地墜機。**

我可沒時間計算幾何學，而且就算有時間，我也無法在如此複雜又動態變化的情勢下，算出夠準確的結果。舉例來說，我得計算轉彎半徑來確保自己不會撞山，但我需要詳盡的視覺測量才能做到。僅運用捷思法也無濟於事——目標位於高處，在那裡，戰機的引擎效能和轉彎能力會降低；我剩下的燃料不多，導致全機重量變輕，有助於機動性；迎面的逆風有點強，得靠修正俯衝角度抵銷。

之所以能齊備解決這項戰術的必要工具，完全是因為，我把理論和捷思法融會貫通，接著一次次反覆練習。空軍的訓練，為我創造出必要的心智框架，能將這一切化為直覺反應——我可以在腦海裡清楚看到，得飛哪條路線才能避開山脊，以及爬升回盤旋軌道時會多接近地表。

當我與山脈之間形成一直線，我把油門全開，倒轉機身並把機鼻朝向目標，直到目標位在我的抬頭顯示器正中間。同一時刻，我按下油門桿上的按鈕，啟動低空掃射模式並叫出機上的瞄準標線。

我朝著目標俯衝，加速到超過每小時五百英里。隨著距離讀數快速縮小，我把瞄準標線的中心圓點對準目標，一進入射程範圍就開火。飛機搭載的六管格林機砲幾乎立刻使機體劇烈搖晃，振動力道讓我視野所及的一切都變得模糊。我正以每分鐘六千發的射速朝目標開火，而且每發子彈皆是二十釐米口徑的高爆燃燒彈，相當於小型手榴彈的威力。

發射了幾秒鐘後，我鬆開射擊鈕，並把操縱桿往後拉。G力把我壓向座椅的同時，我看著子彈打在林木之間。飛到敵軍正上方時，我發現林間不只有武裝分子藏匿其中，還有兩處強化過的機槍陣地。

上升地勢使我回到軌道的過程相當棘手——坡度幾乎跟我的飛行路線相同，意思是即使我持續爬升，我跟地表間的距離仍然沒有變大。我朝山脊線之間的狹縫轉彎，並把操縱桿拉得更深，感覺面罩進一步壓在臉上。我終於穿過了那道狹縫，隨即爬升回盤旋軌道，岩壁迅速落在我的飛機下方。

地面部隊發來無線電，確認剛才的低空掃射行動成功，我已排除位於中間的武裝分子，只剩下機槍陣地。但遊騎兵們仍遭受射擊，要求立刻再次支援。一分鐘後，我返回原處，並在錯綜的林間發現武裝分子藏身的壕溝。

進入射程之後我按鈕開火，機體劇烈震盪，駕駛艙內的黃色隔熱粉飛到我的肩上。我鬆開射擊鈕，一會兒之後，在我再度穿過山脊間狹縫時，我看到子彈命中那幾具西方製的機槍。同一時刻，飛機上的燃料警報響起，我的抬頭顯示器也閃爍著

「賓果」（BINGO）字樣——我剩下的燃料量，只足夠我返回空中加油機了。

我們在急速橫越阿富汗的過程消耗了大量燃料，空中加油機——一種專門設計來為友機在空中補充燃料的機種——終於追上我們，目前正在北方五十英里處盤旋。一般來說，戰機通常會採編隊行動以便彼此支援，確保意外發生時能獲得另一名飛行員協助。但這一次因為部隊已遭受攻擊，我叫僚機先單獨去加油——這種戰術被稱為「溜溜球行動」，能確保我們能在遊騎兵上空持續提供掩護。

那時我的僚機剛補充完燃料，還要十分鐘才能加入戰鬥。太陽已經落到地平線之下，外面很快將變得更暗。正常來說，夜間也可能執行低空掃射，但因為透過夜視鏡觀測會增添複雜性，行動將變得更加困難；不過實際上，基於現場的極端地形與惡劣天候，不可能在今晚順利完成。

如今，我已沒有炸彈和火箭，時間也只夠再做最後一次低空掃射。

武器即將耗盡，下一個是燃料

在接受飛行員訓練時，你會被教導，永遠不要改變回航安全燃料量，俗稱「賓果燃料量」（bingo fuel）。一旦燃料剩餘量低於該值，便必須立刻啟航返回基地。長期以來，許多飛行員習於重設這個數值，後來卻因為忘記或計算錯誤，導致燃料用盡。

不過，當下的狀況比飛行員訓練時複雜許多。我們是現場唯一的飛機，炸彈和火箭已經耗盡，隨著夜色逼近，過不了多久我們就無法支援遭受攻擊的部隊。

我參加過這次派駐的先遣隊，並比中隊裡其他人提早一個星期飛行。先遣隊的任務是把一切安排妥當，確保中隊一抵達就能開始執行飛行任務。「賓果地圖」是先遣隊製作的文件之一，它能讓飛行員不論位在這個國家哪個地方，都能輕鬆看出他們返航所需的燃料量。

在計算地圖上的數值時，我們必須做出種種假設，例如飛機搭載哪些武裝、飛行速度、飛行高度、風速和其他因素。因為我曾經幫忙製作那張地圖，知道它記載的數值稍顯保守，只要我在之後盡力以最大航程狀態飛向空中加油機，就有足夠的燃料再做最後一次低空掃射。

心意已決，於是我關掉賓果警報，並告訴地面部隊我要執行最後一次低空掃射。當我前往盤旋軌道時，夜色已經開始影響視野。如果現在是我第一波掃射，恐怕會因為風險太高而無法行動，但我已經做了兩次，知道會有哪些狀況發生。

我開始滾轉，看到殘存的機槍陣地中出現槍口焰——他們正在朝我的飛機開火。儘管伊斯蘭國武裝分子多半只有輕兵器和火箭推進榴彈，被我們分類為低威脅目標，但終究有機率擊中飛機的關鍵部位而導致墜機。尤其此時我正筆直飛向他們，雙方距離快速縮短，更可能被擊中。

F-16並不像A-10攻擊機[2]之類的戰機，它沒有裝甲來保護飛行員和機體其他重要部位，生存能力完全仰賴於速度和機動性。這架戰機被打造得盡可能輕盈，代表它得犧牲掉包含護甲在內的多餘重量。對於空中纏鬥與高空飛彈射擊來說，這種取捨可謂划算，但F-16欠缺保護的特質，使它不適合飛近地表，因為任何持有步槍的敵人都可能憑運氣打中它。

事實上，在我的中隊來到阿富汗的前一年，就有一名塔利班（Taliban）武裝分子曾幸運擊中位於F-16機翼的飛彈並使其點燃，造成飛機偏航，幸好飛彈保護系統成功阻止它引爆。不過，這個案例清楚的提醒我們，即使是一顆小子彈——戰鬥機飛行員把它稱為「黃金子彈」（the golden BB）——也可能擊落整架飛機。

隨著灰色的林木線快速在我的駕駛艙罩上變大，我開始找出朝我開火的機槍陣地。我把瞄準標線對齊槍火出處，然後扣下板機，機砲再度旋轉著朝下方開火。不久後，就看到敵軍所在地發生爆炸，形成一片火海。我繼續按住射擊鈕，直到機內不再震盪，代表已經射完子彈——我已用盡機上搭載的所有武裝。

我用力拉回操縱桿，穿過山脊間的狹縫。這一次我維持低空飛行，高度低於一千英尺，然後加速到節省燃料的飛行狀態。等我的速度來到五百節（每小時五百七十五英里）後，我才急速攀升——這個操作被稱為「天勾」（sky hook）——並飛向空中加油機。管制員從無線電發來通訊：「射得好，射得好！我們不再遭受攻擊了。」

紅旗演習——把戰鬥化為直覺

駕駛戰鬥機時，你沒有時間仔細思考必須做出的所有決定。飛行是複雜無比的

2 編按：又稱「雷霆II」（Thunderbolt II）攻擊機、「疣豬」（Warthog）攻擊機。

事，加上速度那麼快，導致絕大多數的決策過程都需要直覺化。困難之處在於，相較於人們的日常生活，駕駛戰鬥機是截然不同的經驗。沒有人天生就是優秀的飛行員，事實上，戰鬥機飛行員在參加訓練課程之前，多半完全沒有駕機經驗。

這代表，他們必須**快速從無到有的建立起直覺，才能在實際執行任務時喚醒使用。這是在資源與風險間取捨的纖細平衡**，確保我們能擁有全世界最幹練的戰鬥機飛行員。

紅旗演習（Red Flag）的創立，是美國戰鬥機飛行員的關鍵事件之一。由於越戰時飛行員被擊墜的比例高到令人難以接受，使得美國空軍進行一系列被統稱為「紅男爵計畫」（Project Red Baron）的祕密研究，該計畫名稱，來自第一次世界大戰中的知名王牌飛行員。

二〇〇一年資料解密後，人們才得知紅男爵計畫的研究顯示，美軍飛行員沒有接受合適的戰鬥訓練。研究人員發現軍方高層因害怕發生事故，於是嚴格限制飛行員能駕機執行的訓練任務類型，導致飛行員一再以相同的飛行規畫行動，扼殺了他們的決策能力，以至於派駐到越南時難以適應空戰多變的性質。

這種問題在那些參與戰鬥任務不超過十次的飛行員身上格外顯著，在參與任務超過一定次數後，他們的生存率就會大幅提升。**紅旗演習，就是為了給予飛行員逼真的訓練而創立，讓他們能重拾在戰爭的迷霧和摩擦下，做出決斷的能力。**

全美飛行員將會來到內華達州的奈利斯空軍基地（Nellis Air Force Base），在偏僻的內華達沙漠上空訓練。他們在那裡能駕機執行逼真的訓練內容，縮小日常訓練與實際作戰的複雜度差距。

多年下來，紅旗演習發展成空軍最著名的戰鬥演習，不只會設置專門的假想敵中隊並複製敵方戰術，甚至會使用俘獲的敵軍設備以增添真實性。演習結束後，各任務將會以數位方式展示，讓飛行員知道該如何增進表現並汲取教訓。紅旗演習取得重大成功，如今每年會固定舉辦多次，而且從空軍單獨演習，擴展成全軍種與其他國家一同參與，目前被認為是世上最全面的演訓。

我第一次參加紅旗演習，是在駕駛 F–16 數年以後。我的中隊從美國東岸起飛並橫越國土，中途數度透過空中加油機補充燃料。當我們抵達奈利斯空軍基地上空時，我看見下方各種外型與尺寸的飛機比翼停放，占滿了整個基地，乍看就像是商場停車場在聖誕夜的混亂模樣，只不過這裡停放的，是各款世上最先進的飛機。

降落後，我們收到無線電指示駛往停機位置，穿過重重停放的其他飛機與維護人員，大家都在為之後的演習做準備。

接下來幾個星期，我們飛行了數十種模擬戰鬥任務。參加這種最高水準的訓練，是種美妙無比的體驗，我們有如進入不惜血本打造，最佳戰鬥機飛行員的學習實驗室。

有著數十年戰機駕駛經驗的飛行員，會跟我這樣的年輕飛行員混合搭配。飛行本身已讓人喘不過氣，即使我已經駕駛F-16好幾年，但以如此大規模的軍力在對方基地對抗準備充足的敵軍，執行起來的複雜性仍充滿挑戰。任務完成後的彙報也是同樣耗費心神，儘管我們的飛行時間大約只有一個半小時，後續還得花上八小時來拆解與分析任務，尋找任何可以改進之處。

執行夜間任務時，我們常會在太陽早已西下的時候，才走出沒有窗戶且警備森嚴的彙報大樓。整體來說，這是一段令人深感謙卑的體驗——如果這是真實的戰鬥情境，我已經陣亡好幾次了。

這些年來，我有幸參加過十幾次類似的演習。每次演習都是考驗，而隨著我的技能進步，職責也與日俱增。在學習完如何以僚機的身分飛行後，我被提拔為小隊長，率領四架F-16。後來我當上飛行團長，參與一部分任務規畫，並領導幾十架戰機。最終我成為任務指揮官，負責規畫與領導整項任務，麾下有將近一百架戰機。

令我印象格外深刻的一次模擬任務，是救援先前被擊墜的飛行員。身為總指揮官，我的工作是領導眾多飛官和數百名支援人員，設計出救援被擊墜飛行員的計畫。從地面滑行順序、空中加油到救援行動的戰術與撤離安排，全都得規畫得鉅細靡遺，並且要準備事態不佳時的應急方案。

執行救援任務的那一天，我是最先起飛的戰機，而在後續的三十分鐘，飛機不斷從基地升空，以確保我們聚集了充足火力來深入敵境，護衛直升機前去救援被擊墜的飛行員。

所有計畫在剛接觸敵方時化為泡影——敵方干擾了無線電通訊頻率，導致我們難以聯繫被擊墜的飛行員，延宕找出對方位置的時間。同一時刻，我們持續待命，快速消耗掉燃料。

最後，我們來到非得執行救援任務的關頭，否則我麾下空對空戰鬥能力最佳的F－22戰鬥機[3]，將因燃料用盡而無法於整段任務過程中留在現場。但我們仍未找到被擊墜的飛行員，這代表如果繼續進行任務，將承擔大量的不確定性和風險。

如今我有三個選擇：執行任務，期盼在過程中找到被擊墜的飛行員；繼續等待，即使最後任務會缺少F-22的支援；或是完全放棄這次任務。

身為指揮官，我得負責做出決定。實際上只有兩個選擇可行——執行任務或放棄。因為如果敵方行動如我軍情資預測，將派遣大量部隊前來的話，只具備不充分的空中掩護能力一定會造成任務失敗。

我選擇大膽行事，繼續執行任務，讓部隊進入敵境。我軍F-22立刻交戰並擊墜敵機，而F-16則領銜摧毀敵方的地對空飛彈陣地。其餘的戰鬥機，則與幾架橫越國土加入任務、升空已超過五小時的B-2匿蹤轟炸機[4]配合，攻擊關鍵目標並摧毀敵方通訊與控制部隊能力。

在此同時，直升機緩慢的進入敵方區域，試圖聯繫被擊墜的飛行員。但除了無線電通訊被干擾外，低空飛行也造成直升機更難捕捉到飛行員攜帶的定位器訊號，使得他們在搜尋時稍微偏離原定路線。等到他們確定飛行員所在地時，已經比預定時間落後十分鐘了。

直升機終於把飛行員接回機內，開始緩慢的返航。但F-22機群很快就面臨賓果燃料量，不得不返回基地。儘管剩餘的戰鬥機群英勇奮戰，仍有一架敵機穿過防線，擊墜我軍一架直升機。

身為任務指揮官，我不只已經在救援被擊墜的飛行員上失敗，還使得更多飛行員陷入敵境，為後續任務造成更大的麻煩。在本趟飛行結束後，我的職責是率領上百名參加演習的人員，檢討我做出的一切決定，尋找有哪些改進空間。

以本例來說，是好幾個不良抉擇層層疊加造成的任務失敗。首先，我在嘗試聯繫被擊墜的飛行員時，應該要在更高空的位置組成編隊，這樣能減少直升機在低空飛行時所面臨的通訊問題。其次，我應該給予直升機更充裕的緩衝時間接回飛行員。我的時間安排是基於一切順利，但如果我有研究過往類似案例，就會知道一〇%到一五%的延宕是常態。

最後，即使沒有聯繫上被擊墜的飛行員，我仍然選擇繼續執行任務，這逾越了本次任務能容許的風險——我們的目標是拯救一名飛行員，而不是讓更多人陷入戰場。當F-22機群面臨賓果燃料量時，我就應該放棄任務。

3 編按：又稱為「猛禽」（Raptor）戰鬥機，被公認是世上空中作戰能力最強的戰鬥機之一。
4 編按：又稱為「幽靈」（Spirit）匿蹤戰略轟炸機。

在紅旗演習和其他大型演習獲得的經驗，幫助我磨練自己在不確定性和壓力下做出決斷。每次任務我都會把學到的重要教訓，寫進隨身放在飛行夾克口袋的小筆記本。**每次飛行前，我會回顧相似的任務，努力複製曾經做得好的部分，以避免重蹈覆轍**。

這種持續改良的迭代過程，協助我發展出自己的決策能力，並磨練到成為我的第二天性，使我能夠專注於更高層級、先前未能設想得到的決策。正如紅旗演習創辦人的意圖，這些任務給予我在受訓環境下學到教訓的機會，於是當我被派遣至戰場時，許多狀況下都能自動反應。

F-35計畫——史上最昂貴的空軍戰力訓練

精英螺旋中的選擇階段，可以歸結為學習「**如何將我們正在面臨的問題連結至最終目標**」。人類天生就擅長學習，我們的超能力並非力量、速度或體型。人類的進化史有兩處值得注意，其一是力量長期以來日益衰退，其二是大腦在尺寸與複雜度上都逐漸成長。

目前我們的大腦，幾乎是相似體型哺乳類的七倍大，就算是與大腦天生就發達的靈長類相比，我們的大腦仍然比預期大了三倍。某種意義上，自然演化可說是犧牲了其他的一切，只求徹底改良我們的大腦。

我們的大腦毋庸置疑比其他動物更強大，但天生的智力只是其中一環。有能力組織化所學的教訓，並透過人際網絡分享，才真正讓我們的表現遠超過生理素質。

這項能力使我們能專攻所長並成為專家。起初，這種專門化的現象發生在各部落之間，而隨著我們不需要自行準備生存所需的一切事物後，便有了餘裕思考創新，這些創新的早期種子造就了人類知識發展並與日俱增。如今我們製造的工具不只比其他動物好上十倍，而是優越上百萬倍——與動物王國其他物種所使用的工具相比，衛星、匿蹤飛機和AR裝置都複雜得不可思議。

身為戰鬥機飛行員，過去五十年我們主要關注如何砥礪上述這種超能力，學得比敵人更快、更多。儘管我們的大腦是極佳的學習機器，把經驗化為教訓的過程仍有大幅改進的空間。透過實戰和紅旗演習這樣的演訓，我們有機會發展出幾項資訊教導原則，讓它們既可行，又能在多變的環境下快速回想起來。

為了幫助你描繪出這個過程的各項步驟，我想和你分享美國空軍內部一次重要轉型的故事。二〇一七年，F–35終於準備量產，從先期製作的測試機型轉換為完全準備好參戰的戰力。當初只有曾經駕駛過其他戰鬥機——例如F–16、F–15、A–10和F–22——且經驗豐富的飛行員，才有資格駕駛這款機型。但在F–35的產量提升之後，為了讓這項計畫能在資深飛行員退休之後持續下去，有必要引進新的飛行員。

因為F–35的設計與過去的戰鬥機有著莫大差異，新飛行員的訓練必須從頭開始規畫。與此同時，規畫本次訓練的資深飛行教官分別專精於不同機型，他們對於如何造就一名優秀的戰鬥機飛行員已發展出既定文化，各有其重視的面向。

本項計畫關係重大——**F–35計畫預計將是史上最昂貴的武器計畫，金額超過一兆五千億美元，並且將成為美國空軍戰力未來數十年的骨幹**。這是巨大無比的機會，也是空戰史上前所未見的規模。核心問題在於：**在資源有限的條件下，該怎麼在最短的時間內，盡可能教導出精悍的飛行員？**

一如我們規畫任務時的做法，從最終目標往回推。對於剛完成飛行員訓練的學員，我們希望他們直到二〇三〇年代末期之前，都能駕駛F–35僚機，在面臨更先進的敵人時存活下來並成長茁壯。

而對於已有駕駛其他戰機經驗的資深飛行員，我們希望他們既能保有自身寶貴的經驗，又能更新對空戰的認知，把F－35所帶來的革命性轉變納入考量。為了完成這些目標，我們在教學與學習方面施行了幾項準則。儘管這些準則是被開發來訓練戰鬥機飛行員的，它們的適用範圍可遠不止於航空界，可以被用在各種領域。

1. 概念先於事實

學習的關鍵，在於有能力預測未來。理解世上周遭「原因與效應」之間的關係，便能讓我們針對最有可能達成目標的項目下決定。使得我們可以快速評估周遭世界，選擇正確的解答並加以執行。

健全的心智框架不僅僅是記憶事實，而是要能夠適應各種艱難情境。許多人天資聰穎、受過良好教育、能夠記憶大量資訊和諸多事實，卻無法全盤理解所做選擇造成的後果。他們當中多數實力不俗，卻只能在狹隘的狀況下發揮。**他們欠缺清晰思考的能力，而這種能力在真實世界中，遠比天生的智力有價值得多**。一旦狀況與他們習慣面對的不同，有時即使只有微小的改變，他們便會做出大錯特錯的決定。

戰場是世界上最多變又苛刻的環境，各國投入大量資源與人才來反制敵方。任何被察覺到的弱點都會被針對，且攻擊時常並非來自眼前的對手。

我們戰鬥機飛行員可能會遭受空中攻擊，但也會被陸基型飛彈、電子干擾、網路攻擊等方式襲擊，敵方甚至可能使用狙擊手或土製炸彈，在我們還沒坐進駕駛艙前便發動攻擊。在我參與的一次任務中，我們獲報某個潛在威脅國家擁有每名派駐此地的戰鬥機飛行員個人資料，假使戰爭發生，我們很可能會成為暗殺對象。

若想培養出想法靈活且富有彈性的思考者，我們必須從建立健全的心智框架開始，其中包含了通用的概念，並以經驗中習得的教訓來加強。接著我們再逐漸加入其他細節資訊，但**只增添那些能支援整體框架的資訊**。

我們面臨的問題之一，是現代戰鬥機極為複雜——F-35內含超過八百萬行程式碼，以及幾千個不同的子選單與航電系統設定，代表有待飛行員學習的項目遠超以往。我們自然的傾向是以傳統方式指導學員，例如上課、研讀和考試。不過，儘管這是以最快速度傳授知識的途徑，卻無法促成他們在解決複雜問題時，能夠快速回想相關資訊。**我們需要讓這些資訊，成為他們思考過程中直覺反應的部分**。

為了做到這一點，我們讓概念先於事實——一有機會就強調，必須深刻理解不同系統之間的交互影響，以及它與我們必須做出決策的關聯性。舉例來說，學員不需要知道敵軍飛彈系統所使用的專業術語或精確數值，但他們必須清楚自己的戰機將會如何被瞄準，以及該採取哪些步驟自衛。唯有能創造更快、更好決策的資訊才有用處。數值和術語很快會改變，但概念進化的速度向來慢得多。

把這種學習方法視覺化的方式之一，是畫出一棵樹。樹起初有一根主幹，然後逐漸分支成越來越細的樹枝，最後在最小的樹枝上有著樹葉。**任何沒有連接到枝幹、掉落到地面的樹葉，對這棵樹來說便毫無用處**。在我們的學習模型中，樹葉就是事實或細小的資訊，而枝幹則代表著概念。

每項事實都必須連結到某個概念。我們不希望學員只是擅長在幾項選擇題測驗當中獲得好成績，我們希望他們能運用這些資訊，成為最優秀的飛行員。

藉由聚集各戰鬥機社群最頂尖的訓練技巧，使我們能實踐讓學習成效極大化的基礎原則。首先，我們要建立「**為什麼教導這項資訊**」的意識，以便將資訊編織進學員們單一且層層疊加的心智框架。

每一道案例，都需要從學員的角度解釋為何要教。我們不希望使用一般性的解釋，所以會盡可能請教官分享自身經驗，說明他們怎麼在戰鬥中使用相似概念。

我們也鼓勵學員，在不清楚該項資訊如何應用時，可以發言詢問其中關聯。雖然我們多半經歷過不鼓勵詢問「為什麼」的情境，但那種文化會助長屈從，阻礙理解。我們希望培養出能夠獨立思考的戰鬥機飛行員。

戰鬥充斥著不確定性，足以破壞最完備的計畫，戰鬥機飛行員若想在戰鬥中茁壯成長，就必須在命令不合理時尋求解釋。鼓勵學員發問，同時也能給予教官回饋，讓他們洞悉課程中的缺漏並加以改進。這樣的文化轉移，最終會對學員的學習成效造成重大改變。

每個活動都會根據如何引出「為什麼」來建立目標。目標總數會依照活動而變，不過我們發現五個目標是最佳的數量——超過五個時，常會導致有太多事情要追蹤，少於五個則不夠詳盡。目標之中通常又包含著特定指標，可以作為後續評斷成敗的基準，以確保責任歸屬，並讓活動結束後的彙報能有個出發點。

精確且能夠衡量的目標最為理想，不過並非每個目標都能如此，那也無妨——目的在於優化引出「為什麼」的路徑，而不是讓我們容易評分。對於較不明確的目標，教官必須用各自經驗來主觀判斷。儘管這樣做看似難以標準化，但最終來說，更能促進為各學員量身打造的解決方案發展，造就更快速的學習曲線。

2. 以學習者為核心的訓練

人們的背景各式各樣，對世界如何運作各有不同的理解。幾十年累積的學習與自我成長，造成每個人以不同的觀點看待世界。要讓學員具備互相聯繫且層層疊加的心智模型，教官必須把新的概念與學員目前的認知連結，而不是反其道而行。

大多數人都有心學習，而如果學員無法掌握某個概念，通常代表教學系統有缺陷。以我們的學員來說，這代表我們會為每名學員量身打造訓練計畫，然後根據他們的進展調整。

許多學員曾駕駛過其他種類的戰機，並已在我們教導執行任務事宜所須的技能中，具備不同程度的水準。不過，這些既有技能常常是負面的移轉，意思是——他們從先前戰機學到的技能，在某些情況下反而不利於運用F－35。這時候他們需要耗費比資淺飛行員更多的時間，才能破除這些壞習慣。

我們教導學員的方式可分為三個層面。首先，我們會根據他們的經驗立下教學大綱，確保能把有限的資源投入收效最大的領域。

其次，我們會縮減課堂參與人數，讓教官能花更多時間促成每名學員理解正在學習的概念。資源受限的環境下沒有免費的事，所以我們削減團體活動的總數，並靠學習軟體來傳授較基本的素材。

最後，我們會根據學員先前的經驗編組。駕駛過相同款式飛機的學員，時常會具備相似的認知，這有助於教官一次指導多名學員。

許多傳統的教學方法都沒有考慮進來，人們並不只是被動的接受知識，他們是整個學習體驗中的一部分。與其採取教官長時間講課的聽講式教學，我們更希望以對話式教學創造出動態學習的環境。

我們不需要那種在課程結束後，能複誦教科書解答的學員，我們需要學員在戰鬥時應用學到的原則。所以，我們淡化默記的重要性，因為它無法促使學員創造新的連結，並以創新的方式解決問題。

死記硬背是一種聚斂式的學習模型，促使人們找出唯一的「正確」解答。但它與真實世界相悖，**現實中很少會只有一個正確答案，而是有好幾個成本與效益各異的良好解答**，並擴展為差異巨大的二階和三階效應。

舉例來說，過去的飛行員會接受名為「關鍵行動步驟」（critical action procedures）的測驗，要他們默寫出重要的緊急應對步驟。當年非常重視默記，飛行員即使只是拼錯一個字，甚至只是弄錯標點，都會面臨禁飛懲罰。以這種方式考驗資訊檢索能力已經落伍了，標點符號跟能否在空中正確執行緊急行動，完全是兩碼子事。所以我們屏棄了這些測驗，也刪除眾多沒有必要記憶的內容。

這代表我們廢除掉長期保持的傳統，像是不再要求背出引擎的運轉極限。在發明數位顯示方式之前，的確有必要記住這種資訊，可是現代飛機呈現資訊給飛行員的方式與以往已大不相同——飛航電腦會顯示飛機的健康狀態，綠色代表一切正常，黃色是有點小問題，紅色則是存在嚴重隱患，同時提供相關資訊。與其要飛行員記住數據，我們更需要他們把額外的認知頻寬，用來確保自己做出最佳決定。

3. 教導比評分更有效

許多領域的指導員和教師，並不認為自己是促成學生學習的協助者，而是把自己當成把關人。在戰鬥機社群之中，我們同樣發現在未控管的狀態下，體制內的預設行為也是如此，最後導致飛行員能力變差。

與其把這項訓練視為剔除失格飛行員的機會，我們建立起一種心態：相信我們是與具有天賦的學員合作，他們都有本事完成訓練。**我們的工作不是去蕪存菁，而是要教導他們通過訓練**，盡可能讓他們在離開時成為厲害的飛行員。

即使我們在訓練過程中會對學員幾近所有面向做出評量，部分活動甚至會有超過一百個指標，但**這種評量並不是為了退訓或懲戒他們，單純是用來調整他們後續的訓練**。每名學員接受的訓練都會基於表現改變，已經熟練某特定階段的學員可以過關，並且不必參與相似的訓練活動，但表現欠佳的學員則會給予額外的複習。這樣能讓學員把心思放在成為最棒的飛行員，而不是只求通過訓練。

建立這種心態的關鍵，在於把學員的失敗視為體制的失敗。學員無論在何時的表現低於期待，都能接受促成他們下一次更進步的指導。此外，我們還有僅限教官參與的彙報，討論體制和教官還有哪些能改進之處。這個步驟看似簡單，但實做時需要強而有力的領導人不斷加強這種意識。

歸根究柢，我們仍須確保學員的人身安全並成為精悍的飛行員，但這只是指導員職責的一部分。我們發現如果能在早期加以辨識，幾乎所有事情都可以教導和改正。即便是態度、職業道德、飛行直覺等無形素質，在接受適當教導之後都能大幅提升。

4. 持續評估訓練中，有哪些地方可以運用科技加強

科技不斷的在進步，持續開啟提高我們學習效能和效率的契機。我們發現虛擬訓練所設計出的仿真課程，跟實際飛行的效果一樣好，某些狀況下甚至更好。飛行模擬機長期以來，都輔助我們消除理論指導和實際駕機之間的差距，這點在F－35訓練時尤其重要，因為以那時來說，駕駛一小時戰機的成本接近五萬美元，這也代表我們能用來訓練學員的飛行次數有限。

我們手上的模擬機非常逼真，每一架皆是兩層樓高，中間有個巨大圓頂的房間。房間正中間完全複製出駕駛艙的模樣，圓頂上則利用高科技投影機顯示虛擬世界，為飛行員創造三百六十度全景。

我們甚至使用與實際飛機相同、造價四十萬美元的碳纖維AR頭盔。這些模擬機全都互相連結，可以設置編隊來對抗由人工智慧操控、模仿真實敵軍的威脅。除了直接把學員塞進真正的戰機之外，這些模擬機就是我們所能呈現最相近的環境。一位空軍將官曾在第一次看見它們時說道：「這些模擬機，是人類在工程學上的重大偉業。」

這些模擬機的缺點在於異常昂貴，某些情況下，甚至比它們試圖重現的實機更

貴。這代表我們只能建出幾架模擬機，造就了第二層的訓練瓶頸，這問題甚至比駕駛實機更嚴重。學員有時每週只能使用一次模擬機，大幅減緩他們的訓練進度。我們因此頓悟，在追尋極為逼真的模擬機之時，我們落入一個常見的陷阱：持續改進一項成熟的科技，卻不質疑它的必要性。

之所以在一九九〇年代時需要這種高科技模擬機，是因為彼時其他更次級的做法都難以充分再現飛行環境，因此派不上用場。但這些年來電腦演算能力呈現指數型增長，代表著一九九〇年代的模擬機系統——當時需要超級電腦才能夠運作——如今可以在筆記型電腦上執行。

而因為模擬機科技符合冪次定律中的報酬遞減法則，一架高科技模擬機的成本，足以購買幾百項有助於訓練學員的初階裝置。我們需要的是涵蓋大範圍的各種裝置，分別用於訓練的不同面向。

我們起初會向新學員配發一臺高性能筆電，以及一組仿製 F-35 機內的操縱桿和油門桿。這些筆電當然比不上高科技模擬機，不過它們的用途不同——學員可以用筆電來訓練較為單純的事務，例如發動飛機、地面滑行和核對檢查清單。這樣做的好處是，學員隨時都能使用筆電。我們甚至開發出一款無須保密的機型，讓學員可以帶回家在休息時間自主練習。

一旦每名學員都持有個人的飛行模擬機，我們便開始把更多在課堂內和教科書中傳授的資訊，融入到已經內建在模擬機裡的課程。我們開發了軟體，把課程轉變為不同等級的遊戲，並加入虛擬教官來引導學員各項機動操作，使他們能在一開始就把概念、經驗和資訊，統合成一組彼此相連的心智框架。

舉例來說，在學習怎麼起飛時，模擬機會暫停操作，然後拉近顯示引擎的剖面圖，並指出導致引擎失效的主要因素，接著展示從駕駛艙內會觀察到哪些對應的樣貌，以及如何執行檢查清單來安全排除故障。這樣做在學習成效和整合性方面，遠遠優於過去發下十幾公分厚的文件，並要求學員背起來的做法。

而消除筆電與高科技模擬機之間差距的方式，則是運用虛擬實境（VR）系統創造沉浸式的飛行環境。這麼做可以讓學員練習更需要技巧的機動操作，例如熄火降落這類難以在筆電螢幕上再現的項目。

我們也讓教官實際駕駛F-35出擊，在機上安裝全景相機，拍攝的影片則能在虛擬實境裝置內觀賞，讓學員參考資深教官如何正確執行機動操作。接著在影片裡運用數位疊合技術並加入文字，顯示教官在機動操作的各個階段，如何交叉檢查與做出決定，藉此進一步提升學生的理解。

我們採用涵蓋大範圍裝置的思維，使得學員在學習某個新概念之後，幾乎可以同步開始練習。結果學員的表現大幅提升，以至於我們必須立刻重擬訓練大綱，才能繼續敦促學員進步。

這種做法也適用於其他方面。與其使用傳統的聽講式教學，我們要求學員在課堂用自己的筆電和虛擬實境眼鏡來學習，並有一名教官於現場坐鎮與回答提問。這種混合式教學不只能讓學員依照自己的步調，以符合個人喜好的方式學習，還能讓他們參與提問、討論等這類無法事先規畫的活動。

運用科技來加強訓練時，必須不斷重新評估。科技時常會出現指數型改良，代表某些當前還不適用的東西，有可能很快就變得有用。這不只是飛行員獨有的狀況，視覺化資料的提升、個人化回饋和混合式訓練，都能在許多職業領域帶來助益。即使是死記硬背這樣單純的事，也能透過軟體，根據神經科學量身打造訓練計畫，輔以先前訓練所獲得的回饋，創造出顯著的提升。

5. 利用師徒制模型

在任何領域裡，幾乎都有人已經發展出如何成功的框架。如果我們不去利用這些人在職涯中建立的思維，就太浪費了。在戰鬥機社群中，最優秀且最資深的飛行員會擔任飛行教官，他們甚至不能拒絕這項職務。雖然我們可以輕易找到其他教官來教導相同資訊，但學習並非只與被教導的資訊有關——**學習的關鍵在於理解如何組織並連結這些資訊，讓它形成彼此連貫的框架**。這一點重要到讓我們願意投入最寶貴的資源。

為了促進理解，教官會逐步帶領學員解決真實世界中的戰術問題，讓他們有機會看到教官心智框架的運作方式。就算面對簡單的問題，教官也時常會一次考慮許多概念，例如飛機內任務系統背後的物理學、敵方思維背後的心理學、空戰戰術的最佳案例，以及如何權衡任務不同階段的風險與報酬。這樣做可以進一步強化學員認知，明白可執行的知識是透過交織的概念來建立，並非只靠記憶資訊。

我們發現，在每次飛行之前舉辦兩次會議，對促進學員的理解最有幫助。第一次會議稱為「先期簡報」（pre-brief），內容是非正式的說明本次訓練任務所注重的各個概念。先期簡報的目標是補足學員理解上的任何落差，確保他們擁有本次飛行所須的工具。學員當然認為自己已經理解某個概念，但**唯有在他們必須於情境中使用時，才會明確看出他們的毛病**。

一旦學員表現出已經理解某個概念，我們便會引進捷思法。時間是飛行的關鍵因素，所以任何能縮短決策時間的方法都極具價值，而捷思法是根據經驗法則的策略，用以縮短人類在解決複雜問題所需的時間。它使我們能夠保持行動，不必一直停下來思考接下來要怎麼做。

捷思法把排定優先次序發揮到極致，每當遇上某組特定狀況，你只需要交叉檢查幾個項目，就可以解決非常複雜的問題。儘管這個概念聽起來有些抽象，每個人在日常生活中其實都會運用。

以棒球員接球為例，計算軌跡相關的數學相當複雜，需要使用微分方程式來描述作用於球上的力。其中一種解決方案是要球員算出相關數值，然後跑到預測中的位置接球——這可能是最精準的解答，但花費的時間讓這個方法對球員毫無用處。

相對來說，球員可以盯著球跑過去，同時保持球與人之間的角度不變——僅僅做了這兩件事，就能讓球員攔截到球。捷思法無法確保球員以最佳路徑行動，在他們背對著球奔跑、試圖接住飛到身後的高球時也無用武之地，不過它能為球員處理某些特定狀況時提供一條捷徑。

後來被稱為「哈德遜河上的奇蹟」（Miracle on the Hudson）的事件當中，正是運用了這個概念：一架從拉瓜迪亞機場（LaGuardia Airport）起飛的班機，兩具引擎都失去動力，機師們必須決定是要滑翔折返機場，或者另尋其他降落點。副機長傑佛瑞．史凱斯（Jeffrey Skiles）負責確認機場位置，並注意到它在擋風玻璃上的景象有異。他在事故後這麼說：

「這跟數學計算的關係不大，而是在於視覺。當你駕駛飛機時，你無法抵達的位置，該景象其實會在擋風玻璃往上走，而你即將飛越的位置，景象則會在擋風玻璃往下走。」

因為飛向機場時，機場的景象在擋風玻璃中緩緩往上走，所以史凱斯知道他們無法成功抵達。於是機長薩利．蘇倫伯格（Sully Sullenberger）排除折返機場的選項，決定降落在哈德遜河上，並拯救了機上所有乘員。

「物體景象會在擋風玻璃上怎麼移動」這個概念，是一項戰鬥機飛行員長期使用的捷思法，稱為「視線」（line of sight）。我們在嘗試攔截其他飛機時，常會讓自機移動到適合發射武器的特定位置。我們沒時間計算飛機的軌跡，所以會利用視線概念，來判斷自機與另一架飛機相互移動間的關係。我們甚至為新學員設計了簡化版本。

舉例來說，當敵機轉彎時，我們會要求學員等到目視對方的位置比自機操縱桿或油門桿來得高時，才開始跟上敵機。這樣做能讓他們保持足以發射飛彈的距離，以及等待使用機砲的最佳時機。每一次訓練飛行中，學員都會記下視線概念的印象，最後便能轉換到更先進、具備更廣泛應用的捷思法。

捷思法的缺點，是只適用於特定狀況。因為它完全仰賴少數幾個關鍵因素來做出決斷，不如徹底理解某個概念來得穩固，導致人們時常貶低它的用處。不過，捷思法應當被單純視為協助決策的工具。

舉例來說，在規畫任務時，我們有著被稱為「好意見分界線」（good-idea cutoff line）的原則。任務規畫時常涉及上百人齊心協力完成目標，每個人自然會提出自己認定的最佳意見來解決各種問題，甚至會期盼這麼做。不過在規畫尚未開始之前，指揮官就會設下規畫階段的截止時間——那一刻起便不再接受新的意見，所有人將致力達成現行計畫。

過往的經驗顯示，如果在好意見分界線——通常會設在任務規畫過程約三分之二的地方——截止後還接受新意見，多半會引發延宕和混亂，最終降低任務達成率。當然，這只是一項捷思法，假使有人在規畫過程末期提出非常好的意見，或是存在不處理便可能引發任務失敗的因素，那麼計畫很可能就需要調整。

在先期簡報結束後，學員會在實際飛行前的幾個小時，接受教官正式的簡報。在這次簡報，教官會詳述學員在任務過程中預期會遭遇的所有事情，以及他們需要運用的戰術。

正式簡報是讓學員最後一次參考教官的認知地圖，並設下對他們的期待。學員不必使用跟教官相同的方式來解決問題，但他們需要在解決問題時保持高度的狀態意識，並且安全的執行戰術或機動操作。這樣做給予學員何謂合理行動的外部界線，確保他們運用已被證實有效的最佳做法。隨著學員經驗與技術成長，這些外部界線會逐漸放寬，允許他們進一步探索飛行包絡線。

不管是在模擬機內還是空中，最優良的學習總會發生在學員與教官必須一同解決戰術問題時。那是混亂且無法預測的動態環境，類似於團隊合作與訊息交流常比個人機動更重要的戰時情境，促使學員把學過的內容外推至略有差異的概念。而**那些只是背下解答的人，將無法適應改變後的狀況。**

6. 撥出時間彙報

當你詢問任何一位戰鬥機飛行員，哪件事是學習最重要的部分時，他們的回答會是：「彙報。」在訓練任務中，我們會飛行一個半小時，接下來花費幾小時（某些案例中甚至會是幾天）做任務彙報。彙報完全專注於如何在下次飛行時表現更佳——做得特別好的事情會被提出，否則時間都會被用來討論哪些事情出了差錯，以及能怎麼改進。

我們在彙報時誠實得近乎殘酷，常讓新進飛行員感覺震撼。在花了一整天進行規畫、簡報和飛行一項任務後，我們會聚在一間房間，嚴格批評所有出錯的部分。參與者都是世界上最優秀的飛行員，即使任務成功、所有目標順利達成，我們仍然會仔細檢查整趟飛行過程，尋找任何能夠改進之處。

我們進行彙報時並不在意官階，這代表，即使是最高階的軍官或最資深的飛行員，也會受到跟最資淺的僚機飛行員一樣多的檢討。這點常讓許多認為軍隊嚴格遵守尊卑之分的人感到驚訝。我曾在簡報中看到一位年輕的小隊長，指出基地指揮官犯下的錯誤，但指揮官並沒有拿官階當擋箭牌，他感謝小隊長指出錯誤，並表達他在下次飛行時能怎麼改進。這是我們對所有彙報的基本期待。

飛行任務很少能完全依照規畫進行，事態不斷變化，迫使飛行員必須在嚴苛的環境下做出決定，而且所獲的資訊和時間常常有限，這跟商界大致相同。我們正在對抗有思考能力、精於瞄準我方弱點的敵人，相對也嘗試利用敵方弱點制定決策，雙方都企圖搶占先機，並在這個過程中創造出眾多潛在後果。

訓練時，如果我們護航的轟炸機被擊落，或者敵方飛機成功轟炸我方護衛地點，通常是數個錯誤疊加而成的任務失敗，所有人都可能在某個時機介入，並挽回任務。戰鬥機飛行員的彙報之所以有效，是因為所有人都願意對自己犯下的錯誤負起責任。

負責是一項難以掌握的技能。大多數人都希望獲勝，讓自己能被人以正面角度看待。可是在彙報時，由於任務已經結束，獲勝的方式是準確辨識出能讓所有人在下一次任務表現更好的教訓。這是個不穩定的環境，唯有在大家都願意首先反躬自省的情況下才能生效，只要有一個人嘗試推卸責任，所有環節就會瓦解。

也因為它不穩定，所以需要持續維護，那些有著身分地位的人更該投入。任務指揮官應當身先士卒接受批評，最資深的飛行員必須願意坦承自己犯下基礎錯誤，而最高階的飛行員也必須親自展現不以官階作為卸責藉口。

藉由在彙報時不分尊卑，任務便能在乾淨的環境裡分析。我們可以找出哪邊出了差錯，並把這些教訓用於未來的飛行。這個過程乍看之下似乎嚴苛，但對參與彙報的飛行員來說，這只是在解開「如何改進」的謎題。

戰鬥機飛行員彙報的第一個階段，包括資料蒐集。飛行完畢後難以回想細節並非罕見的事，因為當你不斷專注在極短時間內做出決定後，大腦會沒有時間處理發生中的所有事情。我曾在一次大型演習中駕機飛行並被逼至極限，而在降落完短短四十五分鐘之後，我對那趟飛行的記憶已經變得模糊，彷彿剛從夢中醒來。

由於有那麼多人參與彙報，在真正開始分析任務之前，確保每個人對任務具有準確的回憶便很重要。現代戰鬥機幾乎會記錄機上從啟動到熄火的一切細節，包括每個顯示螢幕、操縱桿和油門桿的操作、引擎效能和飛行操縱面偏轉角度，甚至我們看著什麼都會被記錄。

降落後，這些資訊都會被下載並加以處理，讓我們可以單獨重播這項任務。我們首先會自行觀看重播，並在關鍵時刻做筆記，最後便能精確理解自己在本趟飛行的表現。

一旦我們從自機蒐集完資料，下一個階段是重現整趟任務。由於許多人在不同環境中值勤，包括地面、空中、太空和網路空間，重現任務時會結合所有人的資料，化為上帝視角下的一切，然後投影到彙報室的大螢幕上。

重播時，參與者會在發生關鍵事件時喊停，以便所有人都能理解當時出現什麼狀況。發言時間相當寶貴——房間裡可能有上百人，沒空讓人長篇大論，只容許說出精確的關鍵資訊。在重現的過程中，任務期間發生的事逐漸會形成精確的模型。任務指揮官及其副手將會檢視沒能達成的目標，並留意為何如此的潛在原因。

重現完畢後，彙報便會進入分析階段。排定先後次序是這裡的關鍵——任務指揮官必須辨識出最重要的部分來關注，我們稱之為「彙報焦點」。這些焦點是沒能達成的目標，例如友軍陣亡和嚴重錯誤，這是團隊能夠習得教訓之處。接下來，彙報將轉移到尋找出該項錯誤的所有成因，並歸類到以下三大類：

1. 犯錯者**沒有正確評估狀況**。他們完成的交叉檢查，並不足以在決策前建立起所需的狀態意識。

2. 犯錯者**沒有正確選擇行動步驟**。如果飛行員選擇了錯誤的戰術，我們會去釐清他們為何如此決策，以及未來面對相似狀況時能怎麼改變標準。

3. 飛行員可能**選擇了正確的做法，但在執行時失當**。這時常會歸結到把自機和僚機移動到正確位置，然後發射有效的武器。現代戰鬥機是複雜的武器系統，需要在正確時機以正確次序執行許多行動。

彙報的最後一個環節是指導階段，這時我們會統整學到的每一項事物，然後教給所有參與者。而任務指揮官將會以這些新的見解，按順序詳述各事件應當怎麼發生，然後把這些教訓跟更大的概念連結，說明它們如何運用在真實世界中的任務。這項資訊會被記錄下來，以便在未來執行類似任務時回顧。

彙報是提升決策品質最有力的工具之一。透過理解我們做出決定的原因和影響，可以對周遭世界建立起一種認知。大多數決策都是我們先前已經見過的選擇稍做變化，**重點在於不要犯下相同的錯誤**。

或者更進一步，觀察其他人如何成功做出相似決策，然後把他們的典範融入自己的學習過程。但你必須對「為什麼」和「如何」做出該決定具備根本性的理解，才能使這種做法生效；缺少了那些資訊，你就只是在記下事實，並不會增進對世界如何運作的認知。

隨著時間推移，我們可以建立充滿各種教訓的複雜網絡，用以解決廣泛的問題。而透過概念來學習教訓，使我們能在看似不相關的主題之間創造連結，用來尋找更具創意的解答。假以時日，我們將能建構出心智框架，全自動執行許多選擇。有如一個心智工具箱，可以快速回憶過往資訊來制定未來的決策。

但如果是從未面對過的問題，你要怎麼下決定？當變因實在太複雜，潛在後果多到讓你不知所措時，又會發生什麼事？

第四章

降落還是彈射？我只有 15 秒決定

戰機飛行員有句格言：「不決定也是一種決定，而且常是最糟糕的那種。」每次出任務我們都會被幾千個訊息轟炸，被迫分出優先順序。

阿富汗，帕爾旺（Parwan）省，當地時間深夜兩點

我從駕駛艙罩正面往外看，見到前方高聳的山脈之外有個光源。我與呼號是「鯊魚」的僚機，完成了一趟長達五小時的打擊任務，先是攻擊塔利班的指揮管制中心，接著又為一架投入行動的直升機提供武裝掩護，目前正要返航。儘管我們距離巴格蘭空軍基地（Bagram Air Base）超過一百英里，基地內投射出的明亮警示燈光，仍在夜間塵土飛揚的高空中形成一道黃暈。

我在駕駛艙內寫完幾項本次任務的筆記，打算在降落後交給情報分析員。然後我開始為進場（approach）設定機內的航電設備，這是飛行最危險的階段之一。在執行完漫長任務的深夜裡，你很容易變得自滿。遺憾的是，多年來有許多飛行員在任務中歷經苦難後倖存，卻在返航時墜機。夜間且接近山脈的環境下，只消一個分神，就會讓例行任務化為災難。

阿富汗的地形格外嚴苛。高聳地勢形成了興都庫什山脈的西側，並延伸至喜瑪拉雅山和聖母峰。在阿富汗的部分區域，山脈高度接近兩萬五千英尺，比許多班機的飛航高度更高。這種極端地形讓各種形式的飛航變得更困難，即使是F－16這種

推力重量比（thrust-to-weight ratio）名列前茅的機型，也必須規畫好爬升操作，才不會被困在山谷之間。

在進行任務簡報時，我們常常會提醒自己，假使發生必須在山脈上空彈射的狀況，我們得手動與座椅分離，否則降落傘還沒張開，人就已經撞在地面上了。

險峻山脈也代表我們在降落時必須維持更高的速度。F－16 被設計為世上最具機動性的戰鬥機，工程師因此盡可能削減了它的重量。這架飛機重達三萬磅，煞車尺寸卻只跟豐田（Toyota）Corolla 房車差不多。降落時，你會先以約每小時一百七十五英里的速度觸地，接著展開減速板，在空中平衡機鼻，同一時間，兩個主要輪胎則落在地面上。

風阻會使飛機的速度趨緩，來到高速公路的速限，這時才能使用煞車，過早操作會導致煞車起火。但在巴格蘭，除了上述條件又增加了高海拔的問題，而且此地的飛機跑道位於下坡地勢，只能單向使用。

今晚的降落將比平常更困難。我們獲報，主要跑道已關閉使用，只能改用較小的跑道，其長度少了幾千英尺，寬度更只有一半。基地內大多數的起降都發生在白天，所以他們在夜間停用一條跑道，不至於造成多少影響。此外，我與僚機還帶回了未使用的炸彈，數千磅的額外重量，代表我們的進場速度會比平常更快，為煞車帶來更大的負荷。

儘管在小型跑道降落不太方便，這還算是在阿富汗的典型夜晚。每次執行任務時，我們都必須適應不斷改變的狀況，為數十個具挑戰性的問題找出解答。不過目前，我們主要擔心的還是沒有可供降落的備用機場。位於喀布爾（Kabul）的國際機場就在三十英里外，一般來說，會作為我們在巴格蘭機場關閉時的備降選項，但他們很少跟巴格蘭配合，而且今晚他們也已經關閉，使得離我們最近的備降機場遠在幾百英里外。

這引出一個問題。若要在較短的跑道降落，我們必須減輕飛機重量，但為了應對突發狀況，我們也希望機上保持足以飛到其他機場降落的燃料量。今晚，我們不可能同時滿足兩者，機上正搭載著空軍最新銳的武器，而我們並未獲准在降落前拋棄它們。這代表，我們必須靠調整燃料量來減輕重量。

如果這是一趟訓練任務，我們很可能會因為風險變高，而選擇放棄。但這是攸關人命的戰鬥任務，尤其我們是唯一能在今晚的重要行動中，提供武裝掩護的機組。總部已經同意風險較高的做法——我們將在整趟任務中攜帶額外燃料，然後在降落前消耗掉，才能降落在較短的跑道。這會造成我們有五分鐘時間缺乏防備。

隨著我們接近巴格蘭，該是消耗多餘燃料的時候了。我對著無線電說：「一號機來到閘門。」然後開啟後燃器。我感覺到推力遽增，飛行速度開始變快。我把夜視護目鏡往上翻，為降落做準備，並看到僚機跟在我後方，他的機尾分出一道白藍色交織的火焰。

這是個靜謐的夜晚，無線電也一片寂靜，我抬起頭，看見清楚的銀河輪廓與數不盡的星辰——奇妙的是，正因為缺少文明的燈火，星辰看起來比我們下方的地貌更明亮。橫越最後一道一萬五千英尺高的山峰之後，便可以直接看到巴格蘭了。

與其說巴格蘭是軍事基地，它更適合被描述為一座四處擴展的裝甲都市，高峰期時，曾有超過四萬名軍方人員與民間承包商住在這裡。第一次來訪的人常會驚嘆竟然存在這種地方，它看起來就像科幻電影中的產物。

幾十年以來，這裡完全沒有東西被拆除——如果有哪個項目需要淘汰，替換品將會直接建在舊品旁邊，造就巴格蘭雜亂不堪的外貌，宛如一處高科技垃圾掩埋場。警示燈光在夜空中清晰可見，在基地周遭劃出明確的界線，區隔出附近黑暗且不友善的鄉野。

我鑽進山谷間準備降落。我已聯絡了塔臺管制員，確定我們可以降落。僚機跟在我身後，我們慢慢降低速度，減少油門檔位，然後開始最後的下降。我可以從僚機飛行員的聲音中聽出疲態，很可能他的「抗睡丸」（go-pills）藥效已經消退——這是一種軍隊特製的右旋安非他命混合物，我們會在執行長時間任務前服用。它同時是興奮劑，也是認知表現增強劑，曾被描述成結合安非他命和阿德拉（Adderall，又被稱為聰明藥）兩者優點的藥物。

突然間，我看到幾條巨大且發出橘色光芒的繩狀物體爬上天空。我第一個念頭是汗水掉進了眼裡，引發一陣視覺閃光。我眨眨眼，預期那些繩狀物將會消失，但它們仍然存在。這是個怪異的景象，導致我過了一會兒才理解發生了什麼事。

在過了似乎好幾秒，但實際上可能少得多的時間之後，我明白該景象的成因不是汗水，而是基地正遭受攻擊——我看到的光繩物體，代表基地的反迫砲防衛系統開始啟動。

由於多年不斷受到攻擊，基地內各處都架設了一連串格林機砲來抵禦拋射兵器。它們由全自動系統控制，偵測來襲的迫擊砲彈並以六管機砲擊落。每一發機砲子彈的尺寸是步槍子彈的二十五倍大，內部裝滿高性能炸藥，會在接近迫擊砲彈時引爆並加以摧毀。我們初次來到這個基地時，曾聽過這個系統的簡報——它會在射擊前發出警報喇叭聲，如果沒有及時摀住耳朵，射擊的巨響可能會導致鼓膜破裂。

簡報完的幾天之後，我剛完成一趟任務，正要走去吃早餐時，幾百英尺外的一組格林機砲開始啟動。先是傳來高頻的砲管轉動聲，接著是每秒七十五發射擊的爆炸巨響，噪音震耳欲聾，你可以感覺到聲音在體內迴響，牙齒抖個不停。

如今，我在空中看見該系統啟動，至少三組機砲從基地內的不同區域發射，在天空織出奇異的圖樣。自毀了彈造成的爆炸，比在地面時看起來劇烈得多，彷彿置身一場煙火秀。我在駕駛艙內無法聽見眼前的聲音，但這片寂靜很快就被塔臺管制員的吶喊打斷——起降道被擊中，我們必須立刻中止降落。

這些機砲理論上，應當已經調整到不會誤擊我們，但過去使用相似的系統時，曾經發生幾例誤擊友機的事故。在有多組機砲於前方交織火線的狀況下，我不想冒這種風險。

維持飛機操控，永遠是我們眼下最重要的任務。我的首要考量，是不要墜落地面。當飛機以低速飛行且接近地面時，人們會傾向把操縱桿往後拉，但這麼做反而會造成失速並墜機。有鑑於此，我用力前推油門桿，完全開啟後燃器，然後增加油門檔位，同時維持我的飛航空層[1]，以便急遽加速。

幾秒鐘內，我的空速便回到了戰術機動速度。接著我把操縱桿往後拉，垂直爬升到上空。我往下看，望見機砲又發出一輪射擊，試圖攔截另一批迫擊砲彈。我把夜視護目鏡往下翻，嘗試找出迫擊砲的發射地，但只看到一大片漆黑的像素。

一旦我與僚機飛到安全高度，我們便盤點飛機狀態。如今我們的殘餘燃料遠低於賓果燃料量。多個問題重重疊加，導致我們很快將面臨必須走上危險道路的處境。機場仍在遭受攻擊，我們的燃料儲備卻已經嚴重消耗，接下來幾分鐘所做出的決定，將會是我們生存與否的關鍵。

比起精確，有時只需要「大致準確」

簡單來說，**決斷就是為選擇的後果下賭注**。

當獅子狩獵羚羊時，牠是以直覺來計算風險與報酬。每次攻擊都會劇烈消耗能量，而且有可能受傷。為了讓這場突襲有價值，獅子必須評估許多因素，然後做出報酬大於風險的結論。

以獅子來說，由於牠的心肺較小，潛行到接近獵物的位置是最重要的因素，通常牠們會來到距離幾十英尺處。如果牠無法足夠靠近，就會等待更好的機會。

同樣的，我們人類也不斷在對環境做出相似的評估，許多狀況下（尤其是我們曾經面對的狀況），以直覺便能應對。但在處理全新或複雜的狀況時，我們必須用比直覺判斷更進一步的方式，改以期望值（expected value）思考。

要判斷一個決策的期望值，我們得尋找它的潛在好處並乘以發生機率，然後減掉它的潛在壞處乘以發生機率之值。找到這個差值，我們就能看出整體利益為何。

以期望值最基礎的形式為例，假設你下了一千元的賭注，其中有八〇％的機率贏錢，二〇％的機率輸錢。要找到好處，就得把一千元乘以八〇％（〇．八），算得八百元；壞處則是一千元乘以二〇％（〇．二），算得兩百元。兩者的差值是正六百元，表示這是個非常值得接受的賭注。

1　編按：民航界基於海平面上國際標準大氣壓力所計算的高度，該高度不一定是飛行器的實際高度。該標準被用於管理飛行器在空中的垂直間隔。

儘管這個概念似乎不言而喻，許多人在發生機率與結果之間有差距時，便很難理解。以另一個賭注為例，不過這次有一〇%的機率贏得一萬元，但有七〇%的機率輸掉一千元，你該接受賭注嗎？我們可以看出，儘管贏錢的機率低得多，期望值仍是正三百元，代表它仍是值得接受的賭注。

當然在現實世界中，我們很難，甚至不可能決定該使用哪個明確數值。這被稱為「紙上談兵問題」（base of sand problem），並困擾著各個電腦模型——就算模型建構得再精緻縝密，還是時常無法精準預測未來。所以我們的解答是，拋棄精準預測的痴想，改用名為「快速預測」（fast-forecasting）的技巧。

快速預測仰賴我們以直覺做推斷，來估計某個決策的期望值。這就是為什麼學習概念如此重要的理由。事實只會呈現個別的數據點，概念則能涵蓋一整個區域的理解。隨著我們理解許多相鄰的概念，便能建構出一張寬闊的理解圖，使我們得以快速接近「大致準確」的解答。這讓我們可以將直覺中的最佳面向，與模型中的最佳面向相結合。

在快速預測時，我們實際上是在為問題建構心智模型。相較於電腦，我們的心智只能處理一小部分的資訊，這使我們克服了想要蒐羅越多變數和資料的天生傾向。我們被迫要將資訊簡化。基於強大的冪次定律，幾乎每一個系統都只被少數變數驅動，那些變數就是要關注的對象。

舉例來說，從飛機內彈射時，如何減速就是攸關生存的最重要因素。因為風阻跟力度的關係並非呈線性變化，而是指數型。先試想一下，你把手伸出以時速六十英里行駛的車窗外，再想像一下時速變成六百英里時承受的力度。因為速度對風阻有指數型影響，所以兩者的風阻力度差距不是十倍，而是一百倍——這代表，你的手有可能被扯斷。對飛行員來說，這代表儘管在彈射之前會執行十幾項步驟，光是減速單項，就遠比其他一切相加來得更重要。

同樣的道理，**在投資時，複利——也就是你將從投資收到的利息，立刻加以再投資——是非常強大的力量**，也是在標準投資中需要理解的最重要概念。不過，許多人卻傾向於注重最高的利率。因為經濟處於相對有效率的狀態，所以任何承諾能比股票市場回報更高的投資，風險時常也一起增加，除非投資者擁有大眾不得而知的知識。

在辨識影響財富最重要的變數時，標準的投資者可以尋找一個「足夠好」的投資，然後盡快開始。舉例來說，如果你在三十年前以一千美元，投資標準普爾五百指數（S&P 500）——這是種單純追蹤美國前五百大公司的基金——並且每個月持續投資兩百美元，如今你會擁有超過四十萬美元，儘管你投資的總額，只有七萬兩千美元。

不過，如果你等到十年前才投資，你得找到利率將近三〇%的標的，才能獲得相似的金額。而又一次，因為經濟處於相對有效率的狀態，所以那種投資可能有非常高的風險，將表現得不如預期，嚴重時甚至虧損所有資金，導致它的期望值遠不如第一項投資。

快速預測的關鍵，在於不被細節淹沒，這個技巧是透過邏輯與理性來驅動。精準時常是概念性思考的大敵。我們正在嘗試的，是運用人生中積累而成的心智框架，估計某個決策的期望值。如果讓問題變得過於複雜，我們將會失去快速操控相關資訊，並用概念、原則、捷思法和事實判斷的能力。

戰鬥機飛行員有句格言：「**不決策也是一種決策，而且常常是最糟糕的決策**。」在每次任務裡，我們都會被幾千個決定轟炸，並被迫對它們分出優先次序，然後盡快做出選擇。儘管駕駛戰鬥機對體能需求嚴苛，每趟飛行時常會消耗體內二到五公斤的水分，但心智方面的負擔重多了。

在一趟飛行中，我的大腦往往會操勞過度，因為我得做出一個又一個決策，鮮有餘裕思考與本次出擊無關的事。而在完成一次複雜的任務後，我的思緒會一團混亂，通常要經過一整天才能恢復。飛行本就相當耗費心神，加上如果出錯，引起的後果都極其嚴重，所以在執行任務前，美國空軍規定機組人員必須安排十二小時的休息時間，期間不得被任何工作相關的事情打擾。

雖然駕駛艙外的生活通常沒那麼緊張，速度仍然是關鍵。我們承擔的工作幾乎都比能夠完成的份量更多。這代表，**時間是一項重要的資源，必須用來增加我們的優勢**。此外，由於意識能力（mental capacity）是有限的資源，我們在指定時間內，只能執行那麼多思考，接著精神疲勞就會開始蒙蔽判斷能力。所以我們沒有做出決斷的每一分鐘，都必須被納為正在發生事項的成本計算。

等待額外資訊所獲得的價值，應該要減掉這種成本，因為獲取更多資訊，時常遵循報酬遞減法則，並在某一刻跨越臨界點，導致如果我們繼續拖延，將會損失價值。這同時代表，不管我們再怎麼努力，也永遠無法徹底了解一個系統。**儘管人類渴求確定性，所有決定終究帶有不確定性與風險**。

對於可以改變的決策，最好的做法通常是盡早決定，並在習得更多資訊之後調整。這麼做可以重設報酬遞減的曲線，使得投入相同程度的時間與精力，可以獲得更好的評估。這種「快速失敗然後迭代」的技巧，在小型團隊和帶有高度不確定性的新興領域非常有效。

而在光譜的另一端，如果是重要且無法改變的決策，在選擇行動方針之前花費額外時間蒐集更多資訊，就相對比較合理。不過即使是這種決策，仍然需要重視速度，並盡快排除不可行的選項，才能把精力更妥善的專注在剩餘選項上。

對許多人來說，心算是快速預測之中最困難的部分。如果你有同感，代表你簡化資訊的程度還不夠。在快速預測時，過度簡化向來優於不夠簡化，所以就讓事情盡可能的簡單——**你總是可以之後再改進解答，別把它當成最終答案，而是想成許多步之中的第一步。**

先從大方向的概念開始，然後慢慢加入細節，直到我們能充分辨別情勢後再做出選擇。有些決定在早期便能清楚判斷，但也有決定需要後續改進，促使我們在選擇正確行動之前，會靈活且快速思考過不同情境，理解其中可能發生的後果。

就算是複雜的公式，也可以在利用大腦運作原理的非傳統方式下，心算出來。以溫度的華氏（℉）轉換攝氏（℃）為例，這是個非線性的關係，大多數人都無法以心算得出。它的轉換公式如下右圖：

但我們不要查詢或計算這個公式，因為兩種行動都會中斷思考，對看出大方向造成阻礙。我們可以採取不同的角度切入，估計近似的解答。請看一眼底下的數字——它們是彼此倒置的數字，或者有其他記憶點，使它們被容易記住，如下左圖：

我會想像一條實際的數線，就像一把長尺。每當我得轉換溫度時，只需要根據記下的數字往外推算。例如，如果是華氏七十度，我會以記下數字之間的差額大致估計，以本例來說，大約是攝氏二十二度，結果跟正確答案只差了一度。這個技巧，讓我永遠能大致轉換華氏與攝氏溫度，不必分心查詢或計算公式。

以記下的數字往外推算，是一種稱為「插值法」（staking）的技巧，駕駛戰鬥機時，幾乎所有面向都會用它來加速思考流程。我們的許多戰術，都仰賴於計算

−40℉ =−40℃
41℉ = 4℃
61℉ = 16℃
82℉= 28℃
104℉ = 41℃

▲ 易於記憶的數字

℃ = 5/9（℉−32）

▲ 華氏／攝氏換算公式

多個移動物體，在一段時間內的相對關係。

不管是與另一架飛機纏鬥，或者定位敵軍的地對空飛彈系統，時常會需要使用微積分來精準解決戰術問題。我們可沒有時間在空中解微分方程式，但其實也不必——它們已被事先解好，我們只需要從幾個關鍵數字往外推算。

這個概念適用於所有細節，從燃料管理、武器發射時機、飛彈飛出軌跡，到管理自機的匿蹤屬性，和其他各種複雜決策。它也能在駕駛艙外使用——我們在規畫大型任務時，為了追求達成目標的最高機率，常有上百個可變動的細節，須加以排序與定位。**透過快速預測不同戰術大致的期望值，我們便能逐漸趨近最佳解答。**

真實世界複雜無比，你做的決定總是帶有某種程度的不確定性。快速預測在這種環境之所以有效，是因為它**把我們努力獲得的直覺整合進解答，重視準確多於精確**。在團隊作業的環境，大家可能會爭執何者才是正確做法，這時第一步，應該是分析各方是以哪種大方向來看待問題。**概念永遠先於數字**，我們應該先使用邏輯和理性，來尋找解決問題的最佳方法，之後才把焦點轉到導入的數字上。

如果這聽起來很混亂，因為它確實如此。對大多數系統來說，在擲骰子和拋硬幣以外的事找出精準機率，都非常困難甚至不可能。加上大多數人強烈排斥不確定性，導致我們會超脫自身邏輯來尋求解答，不管是透過委員會或電腦模型。儘管如此，透過批判性思考，和擁抱不確定性，我們可以想出更好的方案。這並不代表每個做法都能完美無缺，但至少我們可以排除壞選項，使得長期下來，能把握高得多的成功機率。

阿富汗：當地時間深夜兩點三十分

前一分鐘，大家爭相使用無線電發話，但如今攻擊已經結束，無線電變得一片靜默，所有人都在評估各自的情況。在我的分隊中，兩架飛機都幾乎用盡燃料，而且沒有合適的地方降落——這是飛行員所能面臨的最糟糕處境之一。航空事故，通常是由於許多不太可能發生的事件接連出現，導致原本用來防止發生事故的額外操作被忽略。以本例來說，迫擊砲的攻擊不幸在我們最脆弱的一小段時間內發生。

假使攻擊提早五分鐘，我們就有足夠的燃料，改道至馬扎里沙里夫空軍基地（Mazar-i-Sharif air base）降落；如果晚五分鐘，我們就已經安全停泊在堅固的護牆後方。但現在，我們飛在受損的基地上空，燃料僅餘最低限度，剩下的選項極少。在計算完燃料消耗速率後，我發現，我們大約在十五分鐘後就會因燃料耗盡而熄火。

第一個選項，是降落在受損的跑道上。塔臺說損害程度不明，而且在基地的爆炸物處理小隊清除完該區的未爆彈之前，他們無法派人評估損害。他們最多只能告知，曾經看到迫擊砲彈擊中跑道接近中央的位置，但從他們的所在地無法看到損害程度。據他們評估，跑道在接下來至少三十分鐘會關閉。

就算跑道關閉，我們還是可以選擇嘗試降落。迫擊砲彈相對來說尺寸算小，雖然它們在幾週之前曾擊毀我們中隊的一輛卡車，相同的砲彈可能只會在混凝土製的跑道上炸出大洞，而飛機壓到坑洞的機率並不高。可是在夜間，我們不可能僅靠操作避開坑洞，一旦壓到，很快就會造成飛機側翻，飛行員將沒有時間彈射逃生，幾乎肯定會喪命。

另一個選項，是等待並期盼跑道能在燃料耗盡前開放。如果不如預期，我們可以從飛機彈射逃生。雖然F-16機內的第二代先進概念彈射座椅（ACES Ⅱ）性能可靠，卻也不到完美——必須依照複雜的順序，快速執行一連串步驟，飛行員才能以爆炸氣流脫離飛機，並開啟降落傘落到地面。

當你搭上這種飛行員口中的「絲綢電梯」（silk elevator，指降落傘）時，假使它失效，你將不會有備援方案。火箭引擎點燃時引發的強大衝力，也有很高的機率造成飛行員受傷，常導致頸椎或背部骨折。此外，當你在戰鬥區域飛行時，還必須把「有試圖狙殺你的敵軍」這點納入考量。

兩個選項都不盡理想，但在尋找更有創意的解答之前，我得做好最壞的打算。我運用快速預測方式，找出兩個選項的期望值，目前來說找不到好處，所以只需要確認壞處。

如果我們降落在受損的跑道，然後任一架飛機壓到坑洞，不只會造成飛機損毀，更重要的是，我們會因此喪命。這是非常嚴重的潛在壞處，不過在可能性和機率之間存在差異。若要找出期望值，我得知道事件發生的機率。因為欠缺足夠資訊，加上時間有限，我的判斷將有高度不確定性，但這已經是當下的最佳做法了。

我知道跑道長七十五英尺，我將它進位成一百英尺。有一、兩顆迫擊砲彈擊中起降道，假設分別造成一英尺的坑洞。根據我的著陸滾行距離，代表有二%的跑道受到影響，而飛機的三個輪胎之一若壓到受損跑道，將會導致飛機側翻。把兩者相乘，得出壓到坑洞的機率是六％。不過，光是一個輪胎壓到坑洞，未必會造成飛機側翻，我猜測發生機率大約是五〇％。

在高度不確定性的估計下，我判斷出，兩機各自有九七％的生存機率。儘管我做了許多假設，部分很可能完全錯誤，但這已經是我當下做出的最佳估計。就算這個估計差了一倍，也能給我信心，讓我相信狀況仍在可以處理的範圍內，不必貿然做出極端舉動。

接下來，我開始計算彈射逃生的期望值。美國自F–16服役以來已經損失超過六百架，所以有大量的彈射座椅數據。儘管許多飛行員在彈射之後死亡，其中大多數，都是因為在安全彈射逃生的範圍外彈射——他們太遲、速度太快或高度太低才彈射。而那些在範圍內彈射者，彈射座椅故障的案例屈指可數，讓第二代先進概念彈射座椅，成為世上最可靠的彈射座椅之一。

基於這項數據，我估計彈射逃生的生存機率是九八％，跟降落在受損跑道的生存率差不多。不過這樣做會有很高的機率嚴重受傷（超過五〇％），而且有百分之百的機率會損失飛機。此外，如果我們沒有在基地正上空彈射，便有可能被敵軍俘虜或擊殺。計算到這裡，我就不需要加總壞處了——顯然這個選項，遠比不上降落在受損跑道，於是我捨棄了它。

計算到此的整個過程，大約花費十五秒鐘。

此時，我已有理由與邏輯認定，降落在受損跑道會是比較好的選擇。我也明白情況聽起來比實際上嚴重——即使跑道關閉，也不代表它被完全摧毀。有鑑於此，我告訴塔臺管制員，我們可能會在十分鐘內降落在受損跑道上，這樣既能保留時間尋找更好的解答，也能給我與僚機兩次嘗試降落的機會，是在盡量利用時間，與建構備援方案之間不錯的取捨。

管制員回覆，他無法授權我們降落在受損跑道——若要降落，風險自負。其中的含義是，我們這麼做已違反規定，如果出事得由我承擔後果。

既然已有一個「大致上」能確保我們生存的堪用計畫，我把注意力轉移到尋找更好的方案。我想到的其中一個選項，是運用名為「天勾」的最大航程狀態機動操作：讓飛機爬升到非常高、進入平流層的高度，藉此提高我們的效率與航程，或許能因此成功抵達馬扎里沙里夫空軍基地。

不過在計算後，我發現，我們可能會在抵達之前先熄火。如果真的有必要，我們或許仍然能以滑翔的方式進入機場，但這個選項顯然不如降落在受損跑道，所以很快就被捨棄。

剩下的時間不多了，不過我們還有兩個潛在選項。第一個選項，是看看附近有沒有空中加油機，能在接下來的幾分鐘內與我們會合。它們通常在一大早進入國境，然後在待命航線（holding pattern）上盤旋，等待其他飛機過來補充燃料。我不知道它們下一次任務會在哪裡執行，但如果是在這附近，我們就有機會補充燃料。

第二個選項，是看看喀布爾國際機場今晚的建築工程是否提早結束，如果已經收工，即使跑道嚴格來說仍是關閉的，卻可能足以用來降落。我請塔臺管制員聯絡喀布爾機場，確認對方跑道情形，同一時間，我則開始尋找最接近的空中加油機。我把無線電轉到衛星通訊並聯絡總部，對方的呼號是翠妮蒂（Trinity）。

阿札爾：「翠妮蒂，這裡是毒蛇五十一號。最近的空中加油機在哪裡？我們僅剩緊急燃料量，而且巴格蘭關閉中。」

翠妮蒂：「毒蛇五十一號，最近的空中加油機在東方七十五英里處，呼號是魔力（Mojo）。它正要進入待命航線，為毒蛇六十一號的飛行補給。」

阿札爾：「收到，我們會嘗試前往加油。它使用哪個頻率？」

翠妮蒂：「魔力使用藍色四十七號頻率。」

儘管所有衛星通訊都經過加密，我們仍然以暗碼指稱各頻率。我翻閱頻率簿查找藍色四十七號，然後把無線電切換到對應頻率。

阿札爾：「魔力，這裡是毒蛇五十一號。我們在巴格蘭上空，僅剩緊急燃料量。我需要你們以最大速度，盡快趕來巴格蘭。」

魔力：「毒蛇，我們可以在約十分鐘後抵達。」

在眼下此刻，還差七分鐘才到我們自行設定的降落時間。空中加油機是值得期待的選項，但也可能會讓我們希望落空，導致燃料用盡。既然空中加油機已經以全速趕來，我以無線電詢問塔臺管制員喀布爾機場的狀態，對方回覆今晚的工程已經結束，雖然跑道上還有人員和設備，不過可能會在幾分鐘後淨空完畢。

根據過往經驗，**每當有人說「可能」時，表示他們試著想幫上忙，但實際上只是在瞎猜**，所以我告訴僚機我們不去喀布爾。如今只有兩個選項：降落在受損跑道，或是從空中加油機補充燃料。

我們沒時間等待空中加油機會合，如果想補充燃料，就必須飛向機場並在中途攔截加油機。其中的風險是，如果在嘗試補充燃料時發生任何狀況，我們將不可能返回巴格蘭。又一次，大致心算一下便能讓我們拆解這個問題。

空中加油機約在八十英里外，而且可能以〇・八倍音速飛行，接近每分鐘八英里，代表它可以在十分鐘內來到上空。如果我們以相近的速度飛向它，雙方可以在五分鐘內會合。不過，期間如果發生任何狀況，導致無法補充燃料的話，我們將沒有足夠燃料返回巴格蘭。

根據經驗，我估計我與僚機有九五%的機率順利補充燃料，生存機率跟降落在受損的起降道差不多。這麼做的好處是，如果一切順利，我們的問題就解決了，將會有足夠燃料改道別處降落，或者等待跑道修復。

不過壞處是，假使發生任何意外，我們將被迫在遠離基地的空中彈射逃生，降落在廣達一萬五千平方英尺、遍布伊斯蘭國和塔利班武裝分子的地區。考慮到這個壞處，我們也許該選擇比較單純的選項，不補充燃料直接降落。不過，我們可能還有第三個選項。

如果我們以較慢的速度攔截空中加油機，可以不在航程的中間點會合，而是只飛行三分之一的距離，讓空中加油機飛行三分之二的距離。這麼做可以讓我們節省燃料，同時又靠近基地。假如沒有成功補充，我們剩下的燃料剛好足夠返回巴格蘭。這個混合選項，讓我們有機會嘗試補充燃料，同時保留降落這個保險選項，不過失誤的空間極小。一旦我們觸及賓果時間，即使空中加油機近在咫尺也得放棄。我們剩下的燃料也只夠嘗試一次降落。

我告知僚機，我們要嘗試補充燃料，然後慢慢轉彎飛向空中加油機，過程中小心翼翼的避免減速，否則之後得再催油門而消耗更多燃料。隨著我們繼續轉彎，基地明亮的燈光漸漸遠去，眼前出現黑暗的山脈輪廓。一時間我暗付，希望一切順利，以及我們的燃料表準確無誤，因為如果在這些山脈上空彈射逃生，我們很可能無法存活。就算搜救直升機知道我們的所在地，也沒辦法在稀薄空氣中飛到足夠的高度加以救援。

在這個時間點，我們能做的事情有限。我重新計算一輪，並要僚機確認燃料量，他的殘量比我少了幾百磅。接近一分鐘後，我在顯示器上看到一個雷達反射訊號慢慢往下走。我把游標移過去鎖定它，綠色的抬頭顯示器上出現完成會合所需的資料。透過夜視護目鏡，我還可以隱約看到空中加油機的紅外線頻閃燈在閃爍，讓它與周遭無數星辰區隔開來。

跟空中加油機會合，向來需要全盤兼顧。如果你在攔截時太積極，你會衝進它的飛行路線，產生相撞的風險。但如果太保守，你則會在它後方幾英里的位置進退兩難，在嘗試追上的過程浪費寶貴的燃料和時間。今晚這次會合，必須做到近乎完美，否則我們寧可放棄補充燃料，直接飛回基地降落。

空中加油機終於來到視野範圍內，我慢慢把油門桿前推，同時再度確認我的燃料量以及基地的距離。我們只有大約兩分鐘嘗試補充燃料。為了節省燃料，僚機跟在比平常更近的位置，完全模仿我對油門的操作。我發無線電告知空中加油機，我已經能看見對方，並獲得會合許可。

在過去十分鐘一團混亂之後，如今這是我知道自己有能力控制的事。我執行過這項操作幾百次，有自信能順利完成。一旦空中加油機的飛行路線開始與我的駕駛艙罩平行，我滾轉過去，並把操縱桿往後拉。我的飛行速度因為要節省燃料而比標準稍慢，所以切入角度必須得更積極，我把機鼻指向空中加油機前方，來到會相撞的路線。隨著加油機機體填滿我從護目鏡看出的視野，我拉回油門，並讓飛機飄移到加油機的機尾，最後我與僚機一起滾轉到加油機的正後方。

我發無線電告知僚機：「進行補充燃料前的檢查，你先補充。」他的燃料殘餘量比較低，但更重要的是，我希望將他置於比較輕鬆的處境。假使發生延遲，他可以用掉原本我補充燃料的時間，我則能單獨折返，降落在受損跑道。我一時間，有種衝動想督促他好好完成操作，但我選擇保持沉默——他知道事關重大，施加更多壓力，可能會使他的表現變差。

我拉回油門，飄移到加油機側邊，並把護目鏡往上翻，看見加油機後方伸出長長的飛桁（Flying Boom，加油機的硬式伸縮加油鋼管），尾端發出小小的燈光。而在前方，隨著我們逐漸接近機場，我可以看到巴格蘭基地的明亮燈光。飛桁操作員發無線電允許我的僚機連接，他緩緩向前，我看到飛桁擺盪著遠離他的路線，但他隨即穩定飛在加油機下方，因為加油機內的引擎出力而輕微搖晃。

幾秒鐘後，飛桁延伸變長，操作員發無線電告知「連接」，此時燃料開始流進僚機幾乎見底的燃料槽。幾千磅燃料在一分鐘後輸送完畢，僚機於是中斷連接，好讓我也補充一點燃料，接著再換他補充。

等僚機移動到空中加油機側邊後，我下降至飛桁後方，然後聽到「允許連接」。我前推油門，開始接近加油機。我們現在幾乎在基地的正上方，這是我放棄補充燃料的信號。我看見加油機下方的指示燈閃爍著 F 字樣，要我再往前飛。儘管我們的技術和科技日益進步，空中加油仍是百分之百的手動操作。

隨著我的駕駛艙罩靠近飛桁，它緩緩擺向右邊，近到假使沒有艙罩，我伸手就能觸摸到的地步。即使我們都以接近每小時三百五十英里的速度飛行，一切卻似乎靜止不動，彷彿我正慢慢走在一架停泊的飛機後方。我在心中記住上方加油機的巨大輪廓，並維持彼此的空間，確保我沒有飄上飄下。幾秒鐘後，我感覺到一陣晃動，這代表飛桁已連接到我的飛機。

如今我與加油機對接，我能感覺到飛桁正帶著自機移動。我維持飛機位置、看著指示燈，偶爾往下瞥向右膝旁小小的燃料表，幾秒鐘後，我終於看到其指針開始上移，燃料正灌入我的飛機。我在一分鐘後中斷連接，讓僚機可以繼續補充。

地面的爆炸物處理小隊，已經把跑道清除完畢，讓機場維修小隊可以評估損害程度。結果起降道上有個坑洞，不過他們能夠修復。雖然難以判斷我們降落時會不會壓到坑洞，但幸運的是，我們也不必測試了。從空中加油機補充另一輪燃料後，我與僚機最終都順利降落，為這趟任務劃下句點。

人類的優勢：常識與創意

在一秒鐘內，就有將近二十兆的脈衝資訊，透過神經在大腦裡通過。相較之下，現代的超級電腦需要花費四十分鐘，才能複製區區一秒鐘的大腦活動。我們的大腦把記憶和處理能力融合，成為極有效率的組合。

電腦必須花費幾百萬個步驟處理的事，時常只需要幾百個神經傳導就能完成。而透過神經可塑性，我們的大腦可以快速自我扭轉，適應嶄新與不斷變化的狀況。而這一切，都只需要二十瓦特的能量便能完成，實在令人驚奇。

因為電腦仰賴統計迴歸（statistical regression）來觀察過往資料，並找出關聯性，它在特徵改變時便錯得離譜——但這是人類擅長的事，因為**我們會試圖尋找因果關係，而不是只看相關性**。一旦環境改變，人類的適應力遠比電腦來得強。我們的心智運作方式獨一無二，能把一個特徵，連接至似乎沒有關聯的另一個特徵，形成創意的根基。

這也是人類這麼擅長解決複雜問題的理由之一，相對來說，電腦則時常會陷入泥沼。若要為我們觀察的系統發展出一套理解，人類遠比電腦更能勝任也更有創意。我們不需要窮舉所有數字才能做出決斷，而是可以利用簡單的工具理解複雜的關係。

舉例來說，光是運用一張基本的圖片，把原始數字轉譯為視覺呈現的方式，我們就可以讓大腦裡極為快速、高效的視覺皮層派上用場。俗話說「一圖值千言」，不過根據圖片的差異，價值可能高得多。

戰鬥機飛行員，幾乎已把空戰中所有重要的特徵關係，轉換成某種形式的視覺化資料。這項變革是從一九七〇年代開始，當時約翰・博伊德上校開發出了能量機動圖表（energy maneuverability chart），把飛機轉彎率和飛行速度間的關係圖形化。為世界上所有飛機繪製這種圖表後，飛行員便能把自機與敵機的圖表相疊，快速看出自己在哪些狀況會有優勢或劣勢。

人類擅長制定決策，是因為我們有能力理解事物，把畢生透過經驗在許多領域習得的知識，編織成層層疊加的認知模型。我們可以從概念性、批判性、隱喻性和虛構性的角度思考。**我們會用常識思考，但即使是最精緻的人工智慧程式，都欠缺常識**。

儘管如此，當我們貿然把決策權交給外部的輔助，例如委員會或電腦時，便會失去運用大腦所有能耐來處理問題的能力。本質上來說，這就像我們在自己的理解基礎上挖了一個洞，然後用其他人的解方來填補。如果我們不清楚這項新資訊背後的深層概念，就是盲目的信賴它正確無誤。我們將失去快速重組概念，並得出創意性解答的能力，而這正是人類心智最大的強處之一。

這並不代表我們不該合作。世界上的資訊實在太多，一個人無法全部知曉。此外，多樣性的思考也很重要，或許有人在看到問題後，能找出更好的方案。不過，負責下決定的人應該要大致理解牽涉其中的所有概念，並明白導致做出過往決策的期望值，是如何訂出的。如果他們不理解，就應該持續發問，直到他們具備那種認知為止。

可信度，是合作解決問題時的重要元素。人在特定領域中越有能力，就該越信賴自己的直覺與理解。同樣的道理也適用於電腦模型——假使得出的結果不斷被成功驗證，就應該把它視為可信的來源。即使如此，在這兩個情況下，有理有據的論點仍應優於任何原本認定的可信度。

若要確保我們有在進行批判性思考，而非盲目交出決策權，自行快速預測解答，便是最有效的工具之一。當我們被迫立刻估計出某個決策的期望值時，就會無處可逃，沒辦法把抉擇推給其他人或電腦。我們必須運用畢生習得的概念、原則、捷思法和資訊，彙整成一個解答。

如果其他人或物得出不同的解答，那麼我們可以運用邏輯和理論來釐清為何如此，並判斷誰可能比較正確。這是領導人用來防止團體迷思，促進批判性思考的最有效工具之一。**讓所有參與思考過程的人在聽見其他解答之前，都先各自快速預測**，便能強迫大家支持自身的思維過程且抱有信念。

儘管我們的大腦，已經演化成極為擅長處理成本效益相關的決策，若在快速預測時應用機率法則，就能進一步優化其效能。即使是複雜的高階思考，這個方法也有助益。

以理論物理學為例，它似乎是非常複雜又講求精準的領域，大致估計的方法價值應當不高。不過，底下引用自二十世紀頂尖物理學家理查．費曼（Richard Feynman）的話卻說：

「我花了好幾年，試圖在數學方面發明些東西，好讓我能解答這些方程式，但都沒有成功。後來我決定，我若想做到那種事，應該要先對解答可能的模樣抱有大致的理解。這很難清楚解釋，不過對於某個現象如何運作，我需要先有一個質化概念，才能獲得一個好的量化概念。換句話說，人們連它大致怎麼運作都不理解，所以我正在嘗試……理解它大致怎麼運作，我還沒進入量化階段，並期盼這種大致的理解，能在未來進化為精準的數學工具。」

不論一個決策有多困難，你都可以自行想出它的期望值。這是你對系統內的關係有所理解，並加以負責的起始點，之後隨時能調整與改進。不過，快速預測解答可以避免我們放棄最寶貴的資源：批判性思考的能力。

到這裡為止，我們已經學會根據期望值選出最佳選項。但問題是：我們如何開發出更多選項，尤其是那些打破傳統、足以成為更有效解答的選項呢？

第五章

效益至上，「沙漠風暴」的核心

身為指揮官，如果說不出某枚炸彈與你期盼的未來和平有何相關，那麼你可能功課沒做足，更不該丟下那枚炸彈。

一九九一年一月十六日中午，在沙烏地阿拉伯（以下簡稱沙國）東部的焦夫省（Al Jouf）前線作戰基地，一輛滿是塵土的出租車快速穿過停機坪。這個偏遠的哨所位在伊拉克國境旁邊，已被選為波斯灣戰爭序幕戰的發起點。

基地指揮官坐在車內，他剛才收到最高機密資訊，得知在歷經數個月的策劃與無數小時的演練後，他們終於獲准執行任務——不到短短十二小時後，他的成員就會起飛，奏起對薩達姆．海珊（Saddam Hussein）政權大規模聯合攻擊的序曲。

這項任務的成敗，對戰局發展至關緊要——他們將在伊拉克的防空網撕裂出一個洞，讓聯軍戰鬥機利用這個突發狀況，溜進敵方境內並打擊重要目標。這項任務的重要性，高到參謀長聯席會議主席和國防部長，都曾親自來到沙國審核計畫。

引發這場攻擊的起因是在六個月之前，當時海珊為了資助自己與伊朗的戰爭，而向鄰國科威特積欠了上百億美元，如今卻無力償還，於是他侵略了這個石油資源豐富的小國。科威特在幾小時內淪陷，海珊隨即將它改名為伊拉克第十九個行省。這名伊拉克的獨裁者，接著進一步破壞區域穩定，開始動員部隊準備侵略沙國，假使成功，他將會控制全球超過半數的石油儲量。

國際社會對此的反應，是恐懼與憤怒。起初的回應僅局限於外交管道，聯合國安全理事會（United Nations Security Council）與阿拉伯國家聯盟一致譴責這次侵略，並呼籲伊拉克立刻撤軍。隨後不久，伊拉克便被施加經濟制裁，並以海上封鎖實施貿易禁運。

由於海珊持續威脅沙國，時任美國總統喬治・布希（George H.W. Bush，以下稱老布希[1]）接受沙國法赫德國王（King Fahd）請求，發動「沙漠盾牌行動」（Operation Desert Shield）以保衛沙國，並派遣兩支海軍戰鬥群，以及數百架隸屬美國空軍的F–15與F–16，不分晝夜的在空中巡邏。同一時間，老布希總統授權聯軍總司令諾曼・史瓦茲柯夫（Norman Schwarzkopf Jr.）開始策劃一項攻擊性行動，以便在外交和經濟手段皆失敗時，能夠剷除海珊的軍力。

空中戰役的策劃，在位於利雅德（Riyadh）的沙國皇家空軍總部地下室進行，那裡被暱稱為「黑洞」，因為被選拔派遣過去的武裝警衛，似乎都沒有再出現過。

1 編按：第四十一位美國總統，因其子喬治・布希（George W. Bush）後來成為第四十三位美國總統，多將這對父子分別稱為「老布希」與「小布希」，避免混淆。

唯有碉堡內的人知道，去那裡的真正目的是為進攻做準備；對外界（即使是這些官兵的直屬長官）來說，他們的任務全然是防禦性質。

這代表許多策劃者，必須同時擔任另一個掩飾用的職務，以免引起懷疑。策劃者在地下室規畫出，一套分為四階段的空中戰役戰略，包括以決定性的第一擊摧毀位於伊拉克西部的預警雷達陣地，讓海珊無從發現戰機並反擊。

當時的伊拉克擁有全世界第四大的軍力，士兵人數超過一百萬人，並具備充裕的先進科技武裝，包括涵蓋七百架戰術飛機，與一萬六千枚地對空飛彈的多層防空系統。伊拉克軍隊使用蘇聯式教範，其防空體系是以名為卡瑞（KARI）的電腦化系統為核心，它是一套全自動指揮與管制系統，可以把不同編制單位，化為一支團結且海珊直接掌握的戰鬥武力。

卡瑞系統設置於巴格達（Baghdad）外緣的地下碉堡，那是當時全世界防備最森嚴的地點，伊拉克用了國內近六五%的地對空飛彈，與超過半數的防空砲加以保護，防備程度是越戰時河內市的好幾倍——當年，河內也曾被認為是全世界防備最森嚴的地點。

在這場戰爭的開場攻勢中，摧毀卡瑞系統，被戰役策劃者定為首要目標之一。

伊拉克極度仰賴卡瑞系統，摧毀它能使許多編制失去指引，因而無法組織協同防禦。不過，因為它受到嚴密保護且深入敵境，如果沒有先打入敵方領土，就不可能直接攻擊到它。

伊拉克國境外緣一連串的預警雷達陣地，被視為卡瑞系統的眼睛，並提供它資訊。聯軍飛機一進入伊拉克空域就會被偵測，讓海珊有充裕時間啟動防空系統，還可能發射戰術導彈加以反擊——有些人認為，那些導彈裡裝滿了化學武器。我們需要以隱密的方式摧毀幾個雷達陣地，創造一條空中走廊，使幾百架聯軍飛機可以在不被偵測的情況下，進入敵境打擊重要目標，包括卡瑞系統，甚至是海珊本人。

伊拉克的防空系統，在過去主要被設計來防備東邊的伊朗、北邊的敘利亞，和西邊的以色列，但從沒有預期攻擊會來自南邊接壤的沙國。這代表在沙國集結的聯軍，只需要打穿一道「籬笆」等級的預警雷達陣地，不必面對伊拉克其他地區的堅實防備。在CIA與一名曾協助設計卡瑞系統的工程師支援下，戰役策劃者辨別出，只要擊毀特定三處雷達陣地，便能創造出一條寬達二十英里，足以用來發動空襲的走廊。

但問題在於，如何隱密的攻擊這些雷達陣地。若有任何一處雷達偵測到攻擊，它們就會立刻把資訊傳回卡瑞系統，伊拉克所有的防空系統便會啟動。這導致傳統上以戰鬥機或轟炸機空襲的方式無法使用，因為它們一跨越伊拉克國境，就會被偵測；即使採用低空飛行，它們也會被目視觀測到，使雷達陣地有時間傳出遭受攻擊的資訊。

戰役策劃者面臨的另一個問題，是如何確保這些陣地被摧毀。伊拉克人會不斷改變他們的軍備部署位置，導致很難瞄準。由於情資通常是好幾天前的資訊，這代表，參與攻擊的軍力全都需要保持彈性，一旦目視觀測到目標，就要調整瞄準位置，因此排除了使用巡弋飛彈或戰斧飛彈的可能性。此外，飛彈無法在打擊完畢後回傳毀傷效果評估，但那對後續跟進的飛機來說，是極度關鍵的資訊。

戰役策劃者持續在尋找解決方案時，其中一人，恰好從一位叫蘭迪・歐波伊爾（Randy O'Boyle）的年輕上尉旁邊走過。歐波伊爾負責駕駛笨重的MH－53「低空鋪路者」（Pave Low）直升機，他被指派協助制定空戰期間的搜救計畫，救回被擊墜並深陷敵境的飛行員。

他正在找一張畫有所有敵軍部署位置的地圖。當策劃者走過時，歐波伊爾正在跟另一名飛行員解釋，他的直升機隊能摧毀幾處雷達陣地，使友軍可以進一步深入敵境，減少救援被擊墜飛行員所需的時間。策劃者詢問歐波伊爾，打算怎麼摧毀雷達陣地，由於他所屬的部隊在戰前曾與反恐部隊密切合作，他回答，可以讓特種部隊從地面潛入敵國並破壞陣地，然後用低空鋪路者直升機隊接回人員——跟他們之前訓練的內容相比，這種任務要簡單多了。

這是個打破傳統的計畫，不過在聽完內容之後，戰役策劃者要歐波伊爾跟他上樓。穿過一道防備森嚴的大門，進入祕密會議室後，歐波伊爾發現自己闖入了一場進行中的會議，空軍元帥正在帶頭策劃空中戰役。策劃者要歐波伊爾複述方才提到的內容，這個點子迅速獲得迴響，隨即被整合進整體作戰計畫。

在九月，美國總統聽完這項計畫的簡報之後，特種部隊提出了大量徵用需求，包括二十五輛配有衛星定位功能的車輛。申請書來到了聯軍總司令史瓦茲柯夫的桌上，結果讓這位將軍勃然大怒。美國特戰指揮部察覺到，特種部隊是這項任務的關鍵，於是藉機漫天要價，其中一位策劃者回憶道：「（他們）要求的裝備，多到足以供應一個第三世界國家。」

此外，史瓦茲柯夫是在越戰時期受勛的傳統老兵，他並不認同在戰爭中使用特種部隊的做法。在他看來，這種「高手」部隊時常過度吹噓自身能力，而且缺乏紀律。他不會讓特種部隊危害這場戰爭的成敗。於是他認定，這項行動過於危險，否決了空中戰役第一階段的所有規畫，並要策劃者想出能摧毀雷達陣地的更好方案。

後來，戰役策劃者繼續尋找其他方案。為了確保後續跟進的空軍有最大的生存機率，這場襲擊必須在沒有月光的深夜進行，在缺乏地表特徵的沙漠，加上風勢會不斷改變沙丘外型，找到前進路線相當困難。

歐波伊爾上尉提出另一個解答——雖然衛星星座全球定位系統（GPS satellite constellation）要在此時的好幾年後才能發揮完整威力，但他的低空鋪路者直升機隊配有衛星定位接收器，每天能有二十小時的訊號覆蓋時間。身為唯一同時配有衛星定位接收器與地形追蹤雷達（terrain-following radar）的直升機隊，假如時機正確，他們可以在缺乏地表特徵的沙漠順利前進。一旦抵達定點，直升機隊便能用搭載的十二·七釐米口徑機砲，發射特製子彈摧毀雷達陣地。這個點子一層層往上簡報，最終獲准同意進一步發展。

但歐波伊爾上尉的計畫有個問題——低空鋪路者搭載的機砲火力不足，無法徹底摧毀由許多車輛與建築組成的雷達陣地。最後有人提出建議：讓低空鋪路者與陸軍的AH-64「阿帕契」（Apache）直升機組隊。阿帕契是重型攻擊機，搭載了地獄火飛彈、九頭蛇火箭彈，以及口徑大得多的三十釐米機砲，具備充足火力以確保徹底摧毀陣地。

這項計畫持續改良，當史瓦茲柯夫終於聽取相關簡報時，其內容強調，若不使用混合部隊，這項任務便不可能成功。儘管史瓦茲柯夫討厭任何名為「特別行動」的東西，他最終同意並准許了這項計畫。

聯合部隊在沙國的沙漠聚集並展開計畫，離預定攻擊地點七百英里遠。低空鋪路者直升機隊，由第二十特種作戰中隊的理查．康默（Richard Comer）中校指揮，阿帕契直升機隊則由第一百零一空降師的迪克．科迪（Dick Cody）中校帶領。

遙想當年，美國陸軍與陸軍航空兵團（Army Air Corps）在二戰中同心協力，成功發動諾曼第登陸，他們也決定把彼此的混合組織稱為「諾曼第特遣部隊」。這支部隊將分成紅、白、藍三個小隊，分別負責摧毀三個預警雷達陣地之一。保密是最重要的關鍵，唯有必須知道詳情的人才能聽取簡報。康默回憶道：「我派遣我們最厲害的飛行員策劃這項任務。中隊裡，只有我和他知道這件事。」

到了十月，這支部隊持續一起訓練，每晚都飛行數百英里，為真正的任務做準備。科迪說：「我們所有的訓練都是在模擬環境下進行。我們從未在練習時實際飛過那條路線，因為這項任務的敏感性……。他們的情蒐網路能量全開，還得考慮其中各種事。所以這一切，都以聯合訓練的名義進行。」

除了戰術層面，機械層面也有很大的挑戰需要克服。即使在最理想的狀態下，直升機對維護的高需求也相當惡名昭彰，而高溫與風沙遍布的情形，都會嚴重破壞直升機敏感的電子儀器和旋翼片。這導致直升機需要不分晝夜維護，工作內容包括地勤人員定期為旋翼片重新上漆，才能反制風沙造成的磨損。而在機械問題之外，阿帕契航程有限也是個問題。

如果無法中途補充，阿帕契將會沒有足夠燃料，在完成打擊目標後返航。計畫起初考慮在國境邊緣設置油庫，可能的話甚至得設在伊拉克境內，讓阿帕契得以降落補充燃料。但這樣會增加任務的複雜性，而且得冒著驚動伊拉克人的風險。此外，這也勾起「沙漠一號行動」（Desert One）的災難性回憶——當時，一名直升機組員在補充燃料時被捲入沙塵雲，撞到另一架飛機，造成八名機組人員喪命。

本次任務中最年輕的飛行員之一，想到了解決方案：他們可以在阿帕契內部的武器儲藏區域，加裝一個一千七百磅的外部燃料槽。這個非傳統的點子會使每架直升機減少一個飛彈發射架，但能延長航程至足以往返，不再需要設置油庫。這是個未經驗證的程序，而且會增加阿帕契的總重量，超過其作戰重量一千五百磅，不過被判斷是個值得冒險的做法。

保險起見，低空鋪路者的機組員想到，從自機轉移燃料給阿帕契的方法，於是從沙國當地的消防局借來消防軟管。康默說：「這跟經過認可的安全程序相距甚遠，但如果我們有需要使用，就會對直升機做出相應調整。」

到了十一月底，海珊加大他對沙國以及區域內其他國家的威脅，於是聯合國安理會通過第六百七十八號決議，限期要求伊拉克在隔年（一九九一年）一月十五日之前撤離科威特，否則不惜動用「所有必要手段」。實質上，這就是授權戰爭。當時聯軍已經成長到有三十九個國家參與，是二戰以來最大的規模，並有將近一百萬人的部隊，其中七十萬人效忠於美國。

特遣部隊持續在沙國北部訓練。在缺乏月光輔助的夜晚飛行相當困難，而直升機隊彼此之間，必須維持只有三個旋翼的距離，同時要以「擁抱地面式」（nap-of-the-earth）的超低空路線飛行，僅在滾滾沙丘上方五十英尺。任何高於地表一百英尺的物體，都會被雷達陣地偵測到，可能導致被擊墜，並危及整起開場攻勢。

時間是其中另一個關鍵。科迪說：「如果我們攻擊完一個雷達陣地，兩分鐘後再攻擊另一個，這樣對戰局沒有幫助。我們要做，就必須同時摧毀那些陣地的關鍵雷達，讓巴格達不會收到警報，進而派出他們的米格 29（MiG-29）戰鬥機，並啟動地面控制攔截系統。」

十二月時，情資顯示，第三個預警雷達陣地並沒有連接到伊拉克的防空系統，所以不需要摧毀。這讓特遣部隊可以合併為紅、白兩個小隊。他們夜復一夜的練習潛入禁入空域，然後同時攻擊兩個目標，把作為假想敵、停在垃圾場的公車化成燃燒的金屬塊。每次出擊完畢，他們會回報毀傷程度，「查理」代表輕微損傷，「布拉沃」代表局部損傷，「阿爾法」代表完全摧毀[2]。

一九九一年一月十四日，諾曼第特遣部隊受命前往焦夫省，在入夜前就位完畢。雖然當時仍沒有何時開打的資訊，不過隨著聯合國提出的期限逼近，他們都知道，戰爭迫在眉梢。戰爭開打的關鍵指標之一，是大規模的部隊移動，這也對特遣部隊的飛行造成挑戰。

科迪說：「我們甚至必須偷偷摸摸的行動，避免留下識別痕跡。我們輕描淡寫的進入哈立德國王軍事城（King Khalid Military City），補充完燃料後就起飛離開，期間沒有發出無線電或任何通訊。軍事城外已有許多直升機在活動，所以我們看起來就像是過來演習的。」直升機隊在往西橫越平坦地貌之後下降，維持在比他們稍後要摧毀之雷達陣地更低的高度。

效能作戰——打擊弱點，精準斃命

一九九一年一月十七日，深夜零點五十六分，四架空軍MH-53低空鋪路者，與九架陸軍AH-64阿帕契直升機分成兩個小隊升空，作為諾曼第特遣部隊的一部分。他們做過無數小時的訓練和模擬，最後一步便是執行任務。日後以少將位階退休的康默說：「我們知道自己已準備就緒，即將在這個歷史的關鍵點，為我們的國家開啟一場大戰。除了飛去完成任務，我們已經沒有其他要做的事情了。」

他們還不清楚，自己將會面臨多少抵抗。「每遇到五十名伊拉克士兵，就預期會出現一枚SA-7或S17（低空地對空飛彈）。」康默說道，當時他在其中一架

2 譯註：這三個名稱採用北約音標字母的C（Charlie）、B（Bravo）、A（Alpha），作為評分等級。

低空鋪路者裡面：「我們預期會遭受真正的危險，有可能損失MH－53。」精銳空軍傘降救援隊員，也搭上了低空鋪路者，以備直升機在目標區域內被擊墜時能救援。額外的「海鷹」（Seahawk）和「鋪路鷹」（Pave Hawk）直升機也已升空，以便在有多架直升機墜落時支援。

剛過深夜兩點，兩支小隊穿越國境，進入伊拉克。康默說到：「我們繃緊神經，密切注意情勢，因為我們在戰爭開打前就已升空，並花了四十分鐘飛進伊拉克。」直升機隊離地只有五十英尺，避免被稍後預定摧毀的雷達陣地偵測。在沒有導引燈光與月光的夜晚，他們實行全面性無線電靜默，橫越地表前往目標所在。

康默說：「我們第一次看到眼前的景象。之前的訓練，多半是在沙國東岸進行，那裡非常平坦，有許多沙丘。這裡是在訓練地的西北方約七百英里處，地形完全不一樣，有臺地與稍微多一點的地貌差異，讓情勢變得更危險。」

進入伊拉克後沒多久，白隊機組員看到前方地面，出現槍口焰的光芒。那是輕兵器的槍口焰，有可能是伊拉克士兵受到驚嚇，盲目的對著直升機隊發出的噪音開火。直升機隊避開了子彈，但問題是，這趟任務會否因此陷入危險？

在花費一個半小時變換飛行路線，並避開各個疑似敵軍瞭望站的地點後，低空鋪路者機隊終於來到預定停靠點，位於雷達陣地十英里遠處。他們在直升機後方，丟下紅外線化學發光棒，只有穿戴夜視護目鏡的人能看得見，然後低空鋪路者機隊轉向，等待阿帕契機隊抵達。

每架阿帕契在前往雷達陣地前，都緩緩飛到發光棒上方，更新他們的導航系統。然後飛進開火位置，停留在距離目標五英里遠處，讓砲手確認地面設備與情資圖片相符。每架阿帕契都用雷射測距儀，制定出對雷達陣地不同部分的射擊運算。最後，阿帕契的領隊飛行員打破今晚的寂靜，按下無線電的發話鍵，廣播說道：「再十秒開派對。」十秒鐘後，所有機組員開始發射他們的地獄火飛彈。

飛彈飛行十五秒後，擊中目標並引爆，摧毀了發電機、指揮碉堡和雷達天線。在發射超過四十發地獄火飛彈後，阿帕契機隊前進至距離目標兩英里處，開始發射九頭蛇火箭彈——每發飛彈內藏超過一千支鋼箭，各有獨立的射出軌跡——合計發射超過一百發火箭彈。最後，他們逼近到八百英尺處，用機上的鏈砲對任何尚未倒地的目標開火，共計射出四千發三十釐米高爆彈。

科迪說：「就是不停的開火。飛彈、火箭彈和三十釐米砲彈，接連從四架直升機發射。我們跟他們的ZPU（蘇聯開發的防空機槍）與防空砲交戰並加以摧毀。

我們在三分鐘半到四分鐘半之內，把那些東西破壞殆盡。」

阿帕契機隊隨後接近到目標上方，拍攝毀傷程度。那些沒有在燃料儲藏庫引爆，並化為巨大火球時跟著一起爆炸的東西，如今也淪為一片冒煙的廢墟。兩處陣地已被徹底摧毀。阿帕契機隊把結果以無線電告知等待中的低空鋪路者機隊：

「加州——阿爾法、阿爾法、阿爾法。」

「內華達——阿爾法、阿爾法、阿爾法。」

阿帕契機隊隨即把資訊透過衛星通訊轉傳至總部，史瓦茲柯夫的回覆是：「感謝上帝。」

在直升機隊返回會合點時，其中一架低空鋪路者遭受幾枚肩射式熱導引飛彈攻擊。康默說：「這些SA-7似乎有瞄準才開火。低空鋪路者的機組員呼喊著飛彈來襲，（他們）決定讓直升機隊散開，並撒出熱焰彈來引誘飛彈……直升機隊的閃避，加上紅外線反制措施（IRCM），似乎是飛彈沒有擊中直升機的原因。」

在兩個直升機小隊返航的路上，他們看到數百架用於第一波打擊的飛機，不斷穿越國境。

低空鋪路者的領隊飛行員說：「你望向南方，就會看到頻閃燈的光芒排成一列，在護目鏡上是一長條線。因為這裡是沙漠，所以清晰可見。防撞燈也排成一列，看起來就像洛杉磯的高速公路……他們全都追著大的頻閃燈……那是空中加油機。接著忽然之間，在越過某個位置之後，就再也沒有光芒了。他們補充完了燃料，降低高度，關閉光源，然後往北方前進。」

其中一名參與空襲攻勢的戰鬥機飛行員，後來寫信給諾曼第特遣部隊的成員，說道：「在（任務）簡報中，我們注意到，飛行路線會經過雷達陣地正上方……不過被告知不用擔心。我們在飛越你們上空時，從紅外線熱影像儀看到一陣陣爆炸和你們的直升機。真讓人鬆了一口氣！」

康默說：「如今，伊拉克在邊境的一大塊區域，已經沒有能偵測任何東西的眼睛了。我不相信有人能偵測到我們第一波進入伊拉克的戰鬥機。」

在預警雷達陣地被摧毀後沒多久，一波波來自空軍與海軍的戰鬥機，摧毀了伊拉克各地重要的防空中心。為了阻止對方發起全國性的協同防禦，他們打擊了軍事指揮碉堡、總統庭院、伊拉克主要的電信所，與其他關鍵通訊節點。

同一時間，五十二發戰斧飛彈擊中伊拉克境內其他重要目標：三分之一用於打擊全國電網，造成該國防空系統斷電，其餘則攻擊其他核心目標，例如飛彈支援設施，與海珊本人。

直升機隊返回沙國之後，這支特遣部隊便解散了，阿帕契機隊飛回基地，低空鋪路者機隊則立刻轉換為執行搜救任務。根據國防部電腦模型分析預測，有超過一百二十五名飛行員被擊墜而需要救援。

康默說：「我們很意外在第一個晚上，完全沒收到被擊墜的報告。後來我們得知，一架海軍的飛機被砲火擊墜，而僚機回報它發生爆炸，不可能有人生還。我預計將會損失二％的戰鬥機，這是我認為所有將軍在簽名同意時，都有納入考慮的現實預估。」

在接下來連續四十五天的日夜，聯軍空中武力以軍事史上最強烈的空中轟炸之一，迫使伊拉克臣服。聯軍一共出動近十萬架次，主要來自沙國和停泊在波斯灣的六艘航空母艦，迅速毀滅了卡瑞系統與伊拉克的其他防空系統，剝奪海珊控制軍隊的能力。過去，例如在兩伊戰爭期間，海珊對軍隊施加微觀管理，時常阻止低階人員展現自主性。如今缺少了指引，他的軍隊快速瓦解。

從空中重挫伊拉克軍隊後，地面戰役於二月二十六日展開。上千輛坦克和步兵戰車[3]湧入國境，穿透伊拉克的防線。美國史上最浩大的坦克大戰隨後發生，結局都是聯軍大勝。

他們快速把伊拉克軍隊趕出科威特，美、英、法三國的軍隊追擊至伊拉克境內，留下一條後來被稱為「死亡公路」的毀滅痕跡。二月二十八日，在地面攻勢展開的一百小時後，老布希總統宣布停火，結束戰鬥行動，並邁向終止戰爭。

最終，波斯灣戰爭被認為是現代史上最明確一面倒的戰爭之一。雖然聯軍在數量和科技方面具明顯優勢，這種結果仍令人震驚。將近二十萬名伊拉克士兵在戰爭中陣亡或被俘，聯軍卻只損失了兩百九十二名士兵，其中半數是因為戰前或戰後的事故身亡。這個比例前所未見，史上任何武裝衝突都不曾接近這個數字。

雖然有幾個因素促成聯軍大勝，其中一項主因，是名為「效能作戰」（effects-based operations）的嶄新思考系統，其鼓勵了創意性的做法。傳統戰爭的方式，仰

3 編按：能裝載步兵，同時提供火力的裝甲車，又稱裝步戰車、步兵戰鬥車。

賴於雙方軍力交鋒，時常陷入血腥的消耗戰；效能作戰則是透過混合做法擊敗敵人，藉此獲取期望結果的過程。當聯軍把敵人視為一個系統，加以辨識其中的各種關係，便能瞄準對敵人造成巨大影響的弱點。

縱觀歷史，軍隊指揮官一直在追求達成目標。而在波斯灣戰爭，快速進展的科技，終於讓效能作戰可以用於整個戰爭計畫。在通訊、情資蒐集和理論等方面的進步，使得我們對敵國內部複雜的關係糾葛，能有更好的理解。

這種理解，隨後便可以用來辨識脆弱的戰略目標，並在匿蹤飛機和智慧型武器問世之後，將其精準摧毀。這讓策劃者可以同時攻擊許多目標，使「平行戰爭」（parallel warfare）成真——媒體將它稱為「震撼與威懾」（shock and awe），以壓倒性的軍力展示，癱瘓敵方正常運作的能力。

效能作戰的核心，在於清楚區分敵方軍力與目標。我們很容易被誘入軍力彼此對抗的陷阱——飛機對飛機、坦克對坦克、士兵對士兵。不過效能作戰並不在意效能是怎麼產生，只重視效能是否達成。

如果某個重要的通訊節點必須被排除，它可以被炸彈摧毀（這是比較傳統的解決方案），但也可以被干擾、網路攻擊、潛入破壞、突襲或諸多解決方案其中之一。如果施加其他來源的力量會更加有效，例如外交、情報或經濟層面的影響，那麼甚至不必派出軍隊。

效能作戰的概念，被緊密整合進波斯灣戰爭的策劃與執行中。約翰・沃登（John Warden）上校是頂尖的空軍戰力理論學家之一，他提出的概念後來成為「沙漠風暴」（Desert Storm）行動的核心，他曾說：

「身為策劃者或指揮官，你應當能說出所使用的每一枚炸彈，是怎麼為期盼的戰後和平帶來成效。如果你說不出某枚炸彈與未來的和平有何關聯，那麼你可能沒有做好功課，也可能不該丟下那枚炸彈。」

在這場戰爭中，軍隊領導人比以往更為自由，能組合陸、海、空和網路的各種優勢來尋找解答。這樣做的效益，是讓他們解放創意潛力，最終造就伊拉克軍隊的毀滅。

時至今日，**效能作戰已是任務規畫與執行的標準做法。它是個指引框架，並能促成更有效能和效率的解答。**它能跨越戒律、組織和階級，讓解決問題的流程順利進行。

各軍種之間的內鬥向來臭名昭著，而效能作戰也是協助軍隊克服該問題的關鍵因素之一。這個概念不只與軍隊相關，它也是一種思維和指南；就像敏捷式專案管理那樣，可以應用在組織的各個層級來解放創意潛能。以下是其首要原則：

1. 根據所期盼的最終狀態，來驅動任務和行動

一套遵循效能作戰概念的方法，應該自所期盼的結果開始回推，使得**從規畫到執行階段都能有整合性策略，始終支持著目標達成**。效能和效率的大幅改進，時常可以透過同步行動來實現。

當你縱觀全局，時常會發現許多程序是多餘的，於是可以將其捨棄。這種心態跟許多組織運作的方式不同，它們在規畫時，往往是從有多少資源與能力開始，然後才轉而思考，能據此完成哪種目標。

回推思考，而且始終考慮所期盼的結果，有助於防止在規畫和執行時變得過度過程導向。當那種狀況發生時，大家的焦點會過於狹隘，導致失去全局觀，減損彈性與創意。

組織越大，就會有更多人自然而然的只專注於狹隘的問題，這時就需要領導人施加更多的努力，重視為什麼會產生那種效應。

藉由辨識出卡瑞防空系統是伊拉克人偵測聯軍攻擊的主要手段，諾曼第特遣部隊密切遵守這項宗旨。一旦辨識出這項事實，情資分析師便發現系統內最脆弱的環節——兩處位在沙漠正中間的偏遠雷達站。直到那時，他們才開始設計使雷達站失效的方法。

這則教訓也能在商業界看到——滿足客戶需求，應當是所期盼的最終狀態。**就算新興科技可能帶來多大的變革，如果對它沒有明確的需求，也很難化為商業上的成功**。這種需求或許可以被事先預測，甚至可能尚未被客戶有自覺的意識到，但**所有產品最終都必須通過「滿足客戶需求」這項測試**。

從最終目標開始回推，也是種自我超越（individual mastery）的途徑。光是努力與天賦，仍不足以讓人成為某個領域的頂尖人士，還需要清楚且高效的邁向卓越計畫。藉由辨識出你正在學習的新技能之最終狀態，便能發展出一套整合既有技能的計畫，並試著最大化你的潛能。

2. 效能先於工具

一套遵循效能作戰概念的方法，會專注於每個行動的因果關係，以便最後能達成最終狀態。我們的目標是不斷拆解需求，直到它不再跟特定的工具或程序連結。許多人與組織犯過這種錯誤，先入為主的認為，需要哪些資源才能解決特定問題。不過，**所使用的工具跟程序，其實遠不如所產生的效能來得重要**。

諾曼第特遣部隊就是一個好例子——傳統教範絕對不會在大戰時，使用直升機發動初始攻勢。但戰役策劃者並未局限於所持有的工具，而是專注在其所需要的效能。他們建構出以下需求：

一：能在夜間於偏遠沙漠中找出雷達陣地。

二：保持不被偵測。

三：摧毀陣地。

四：收到陣地摧毀一事的訊息。

一旦這些效能建構完畢，所浮現出的最有效做法，就是過往從沒發生的創舉：結合空軍的低空鋪路者和陸軍的阿帕契，組成特遣部隊。

「效能先於工具與程序」這則教訓，也適用於商業層面。一個產品能表達上百個概念，但必須經過各種取捨後融為一體。緊密結合所有概念並創造傑出的產品，是一道艱鉅的挑戰。

起初你會遭遇巨大、難以撼動的限制，必須找方法繞過——這些限制通常與物理相關，例如：各種素材和電子零件就只能做到某種程度。其他限制比較容易克服，但仍需面臨不同層級的困難。藉由把需求拆解為較小的期盼效能，便能在之後把它們重新組合，成為一套更有效能與效率的解決客戶需求方法。

我們在日常生活所做的決定，也能如法泡製。如果你需要一種通勤上班的方法，你的需求就不該只是一輛汽車，而是應該將它拆解為你需要的效能，例如通勤時間、花費、乘客人數、可靠性、易用性等。一旦我們把問題拆解為所需的效能，就有可能找出更有效的創新解答，例如叫車服務、共乘、大眾運輸、卡車或任何一種其他方法。儘管汽車可能最終還是最佳選項，但在把需求拆解為所需要的效能時，至少讓我們有機會探索替代方案。

3. 尋找能涵蓋效能的解答

決斷，就是在眾多選項中找出最佳解答。

如果只有一個解答，那就沒有必要做出決斷。但問題在於：我們如何產生之後可以拿來評估期望值的選項？這種能力被稱為創意，時常被視為與生俱來的天賦。儘管這種看法有點道理，但有個框架能顯著協助你找出創新的答案。

目前，我們已經談過第一個步驟——把需求拆解為效能。如果特定的工具或程序跟需求相連結，它就不適合用來尋找替代方案。

不過，一旦我們把問題拆解為所需要的效能，我們便能尋找涵蓋盡可能多種效能的解答。對大多數人來說，這個階段是個困難的過程——我們傾向遠離定義不明的事物，而被定義明確者吸引。

尋找選項是個定義不明、混亂的過程，讓人產生沒有朝向最終目標邁進的錯覺。這種感受在你試圖衡量進展時會更加嚴重，並導致過於急迫的選擇一個過去曾經有效的做法，儘管，它可能不是當前狀況下最有效的答案。

一個團體中，若沒有條理分明的解題方法，一旦找到明顯解答，它們便會成為後續討論的核心，阻礙其他選項的完整發展。我們立即想到的那個做法，雖然有可能恰好滿足所有需要的效能，但我們更常是在歷經緩慢、有條理的過程後，最終才能清楚看出解答。

產生選項的第一個步驟，是**把所需要的效能用數字排定先後次序**。完成之後，只要能滿足最重要效能的做法，就可以被視為解答，不必擔心其他效能。當然，許多替代選項在衡量所有需要的效能時表現極差，不過這個過程，可以幫助我們屏除立刻最佳化的強烈偏見。

這一步在團體中格外有效，因為人們常常懼怕失敗。開發出能夠滿足一切所需效能的完美做法極為困難，但尋找符合單一效能的解答，便容易許多。這麼做能使大家更容易產生正向感受，進而更加參與、提出更多選項。一旦能為最重要的效能找出解決方案，就應該接著為後續的效能重複這道過程。

下一個步驟，則是**找出能同時滿足前二重要所需效能的解答**。

兩者交疊的需求，將會大幅減少可行解答的數量。這道過程應該反覆進行，直到你只剩下能滿足一切所需效能的方法。切記，你不可能產生出所有想像得到的選項，所以在來到「好意見分界線」之前，請持續保持開放心態來尋找新解答。

你也常有機會能從已經想到的選項中，擷取各自的最佳元素，重組成一個混合式的做法。一旦做完這個步驟，接著便可以根據達成目標的效能和效率，來評估所有的選項。

4. 不確定性，代表你必須保持彈性

效能作戰的宗旨之一，是這個世界由眾多複雜，且具適應性的系統彼此衝撞而成，並創造出一個多變且時常難以預測的環境。在輸入端的微小變化，可以產生預料之外的大幅輸出。

儘管一套遵循效能作戰概念的方法，應該專注於各個行動是如何驅動最終狀態，但我們不能誤以為自己可以準確預測未來。關係之間的互動，常常是非線性、處於轉折點邊緣的。全新且無法預測的行為，很可能會在系統彼此互動時發生。因此一套遵循效能作戰概念的方法，不只要能預測變化，更重要的是保持彈性。

在沙漠風暴行動大獲成功後的一段時間，許多人認為，我們將能在第一發子彈射出之前，就精準預測戰爭的結果。隨著電腦演算能力呈現指數型增長，他們相信，將能建構出準確預測周遭世界互動的模型。不過，在運用遵循效能作戰概念的方法來規畫，以及試圖精準預測未來之間，有著很大的差異。

其中一個最難預測的變數，便是**理解人們會如何反應**。對任何嘗試建構預測模型的人來說，人類的心智表現，或許是最巨大的不確定性來源。人類擅長找出之前沒人想過、嶄新且創新的解答，接著又能放大科技、資源和人力的效益，創造出超

乎尋常的優勢，引發越來越多蝴蝶效應。

我們就以發生在波斯灣戰爭幾年之後，美國最精良的攻擊機F-117「夜鷹」（Nighthawk）匿蹤戰鬥機，以及過時、一九五〇年代的地對空飛彈陣地，兩者對決的經過為例。

夜鷹戰鬥機，匿蹤是唯一重要特性

一九九九年三月二十七日，一架由戴爾・澤爾科（Dale Zelko）上校駕駛的飛機升空，飛進雲層滿布的月圓之夜。這是「盟軍行動」（Operation Allied Force）的第四天，一場針對前南斯拉夫聯邦（Federal Republic of Yugoslavia）展開的空中戰爭。澤爾科上校是曾經參與沙漠風暴行動的受勛老兵，他正在駕駛史上最先進的飛機之一：F-117夜鷹戰鬥機。

夜鷹戰鬥機與先前的飛機設計都不一樣。它環繞著「匿蹤是唯一重要特性」的理念打造，是二十年來科技進展的結晶。其設計可以追溯至一位蘇聯數學家的論文——其中研究了為什麼相較於尺寸，飛機外型對雷達的反射訊號強度影響更大。

隨著雷達科技發展，飛機越來越難穿透並深入敵方空域，不再可能靠低空飛行避開雷達偵測。同樣的事也發生在地對空飛彈科技，高空飛機如今已經落伍。大家需要的，是能夠擊敗雷達本身的方法。

一九七五年，知名的臭鼬工廠研究室——他們曾研發出SR-71「黑鳥」（Blackbird）偵察機和U-2「蛟龍夫人」（Dragon Lady）偵察機——的工程師，開始設計能在雷達上幾乎隱形的飛機。為了達成匿蹤設計，他們使用超級電腦演算模型，使飛機的表面在被雷達波擊中時，會讓反射波以不尋常的角度散射，防止大多數的反射波返回雷達。

為了進一步降低飛機的雷達識別，機身上塗了一種包含微小羰基鐵球的特殊塗料。當飛機被雷達波擊中時，這種塗料會把能量轉換成熱能，並在氣流中消散。為了掩蓋熱信號，整個後機身還貼上了太空梭所使用的防熱瓦。

為了測試這項設計，他們祕密運送一架試驗機到莫哈韋沙漠（Mojave Desert），並把它放在一處大看臺上。儘管它離雷達只有一英里遠——以航空標準而言，是非常短的距離——但當他們開啟雷達時，雷達螢幕上卻毫無動靜。

工程師以為雷達故障了，並開始檢修，後來一隻鳥正好落在了試驗機上，並在雷達螢幕上顯現出來。這表示，雷達實際上有在正常運作，這些工程師已經成功設計出能夠匿蹤的飛機，效果好到連他們自己的測試設備都偵測不到。

接下來近十年左右，F-117一直是未受承認的計畫，即使在政府內部，也幾乎沒人知道它的存在。它是美國在冷戰時期對抗蘇聯的祕密武器，其主要任務，是穿透防空網深入敵境，對最具價值與受到最多保護的目標丟下核武。

這款飛機是美國的極大優勢，也因此，國家不惜採取極端手段，也要確保它的存在不為人知。它的飛行員表面上，被指派駕駛老舊的A-7「海盜二式」（Corsair II）攻擊機，值勤地點在偏遠的內華達沙漠，托諾帕測試場（Tonopah Test Range）。

他們會在白天時駕駛A-7出擊，名義是測試新的航電系統。不過太陽下山後，在夜色的掩護、遠離蘇聯間諜刺探和衛星監測的環境下，他們轉而駕駛有著鑽石狀外型的F-117。這個計畫保持高度機密，當一架F-117在一九八六年墜毀，引發一小片森林延燒時，空軍不只管制了當地空域，還派遣武裝守衛限制該區域的進出，連消防員都無法進入。攻擊直升機在失事地上空盤旋，飛機碎片則被回收，並以其他款式的殘骸取代。

F-117在一九九一年的沙漠風暴行動，初次接受戰火洗禮，並且遠遠凌駕伊拉克軍隊。儘管F-117在聯軍飛機中的比例少於三%，卻在第一晚摧毀了超過三〇%的目標。他們主要打擊位於巴格達的目標，雖然那裡部署了超過一萬六千枚地對空飛彈、七千挺防空機槍，和八百架戰鬥機來保衛城市，F-117在整場戰爭中被擊落的次數——是零。

對付空中飛彈的方法——關閉雷達

在戰場的另一方，名為佐爾坦．達尼（Zoltán Dani）的塞爾維亞人，率領著老舊的SA-3地對空飛彈營。SA-3是蘇聯在一九五〇年代設計的陸基飛彈系統，用於擊墜敵方飛機。

它初次亮相時的表現令人失望，比原本使用的飛彈射程更短、交戰高度更低、速度更慢。而且它脆弱且複雜的設計，造成難以移動，非常容易遭受襲擊。到了一九九〇年代中葉，SA-3已經落伍，淪為南斯拉夫陸軍這樣的二流軍隊武裝。

不過達尼有豐富的經驗。近二十年前，在一九八二年黎巴嫩戰爭（Lebanon

War）期間，他曾看過以色列的戰鬥機在不到兩小時之內，摧毀了三十個地對空飛彈陣地中的二十九個。這促使他開發新的戰術，以提升部隊的生存機率。

他從拆解飛彈系統、將其變成可以放進卡車的小部件著手。雖然SA－3本來的設計並不具有移動能力，但達尼發現，在經過訓練後，他的部隊能在九十分鐘內收拾好陣地。這讓他可以在一天之中移動許多次，使盟軍難以找到。

他也知道自己面臨的主要威脅，是北約護航戰鬥機發射的高速反輻射飛彈（HARM）。這種飛彈會瞄準雷達，不過一旦雷達關機，就會失去導引。於是他嚴格規定，在一段時間內只能開啟雷達兩次，每次二十秒鐘。如果他的部隊無法擊墜敵機，他們便會以生存為優先，開始轉移陣地。

達尼發現，他的SA－3雷達跟米格21（MiG-21）飛機上的雷達，有著相似的電子識別信號。南斯拉夫恰好在波斯灣戰爭之後，從伊拉克手上拿到幾架米格21庫存。達尼派人從棄置的飛機裡拆下雷達，放在他的部隊外緣，並遠離任何有價值之物。每當他們開啟自己的雷達時，也會開啟這些改裝過的米格機雷達充當誘餌，避免來襲的飛彈擊中他寶貴的設備與操作員。

達尼還在這個區域的北約空軍基地內安插間諜，一旦有飛機升空執行任務，間諜就會傳送情報，實質上讓他對即將到來的襲擊獲得有效警告。此外，因為只有少部分飛機能搭載致命的高速反輻射飛彈，所以他可以根據出擊的機型，進一步評估自己面臨的風險。

隱形的戰機，不敵老舊飛彈

澤爾科上校駕駛F-117飛進夜空，迅速鑽入雲層。今日天候不佳，使得北約許多飛機停飛。這是戰爭開打後的第四晚，匿蹤飛機已摧毀許多南斯拉夫的關鍵防空設施。澤爾科上校是駕駛F-117的老手，在距此近十年前的沙漠風暴行動中，他曾在面對數十個地對空飛彈陣地與上百個防空砲陣地的攻擊下，摧毀防備森嚴的目標，且自機從來沒被砲火接近過。

在使用空中加油機補滿燃料後，澤爾科上校與其他幾架F-117進入克羅埃西亞。在飛過海岸線前，他們「啟動匿蹤」——飛行員用這個詞來描述收回外部天線、切斷飛機通訊，使其幾乎在敵方偵測中隱形的操作。然後機隊分頭前往不同路線，打擊國境深處的各個目標。

在地面上，達尼收到空襲機隊起飛的消息。由於北約在任務規畫上的官僚作風，每趟任務的飛行路線幾乎一模一樣。在看過三天類似的空襲之後，達尼知道要把他的雷達指向何處，以及該在何時開啟。

當澤爾科上校進入科索沃，前往位於貝爾格勒（Belgrade）市中心的目標時，達尼開始在他的預警雷達上看到這架飛機微弱的訊號。這組古老的雷達系統，使用的不是現代電晶體而是真空管，卻在螢幕上捕捉到一個看似鬼魂的東西。

雖然達尼無法靠這組雷達來射擊那架飛機，卻能用它輔助主要的瞄準雷達，改善射擊路徑與時機。當那架飛機來到距離十五英里處，達尼下令開啟瞄準雷達，接下來的二十秒鐘，操作員嘗試找出那架隱形的飛機，卻以失敗告終。達尼察覺到良機將逝，立刻下令再次開啟雷達，操作員再度拚命尋找。時間一秒秒過去，他們在倒數歸零時關閉雷達，並知道這次行動已經失敗，必須開始轉移陣地。

在這場衝突中，達尼到目前為止，都會在開啟雷達四十秒鐘後轉移陣地，並預期護航戰鬥機需要一分鐘的時間，才能找到他並發射飛彈。不過今晚的情勢不同：透過間諜，他知道許多被派來保護F-117的護航戰鬥機，很可能因為天候不佳而沒有伴飛。於是他打破自己定下的規則，下令第三度開啟雷達。

當地時間晚上八點十五分，就在雙方距離剩下八英里時，達尼終於找到澤爾科上校駕駛的F-117，那時他正開啟武器艙門投下炸彈，飛機的雷達識別大增，使得達尼能穩定追蹤到這架飛機。如今雷達已找到目標，而且完全在飛彈射程範圍內，於是達尼下令接連開火。

當時，澤爾科上校剛擊中目標，正要轉彎飛向海岸線。一分多鐘之後，他看到飛彈來襲。他在事後報告中說道：

那些飛彈以三倍音速移動，所以我沒有多少時間反應。就在第一枚飛彈命中之前，我閉上眼睛、轉開頭，準備接受衝擊。我知道會產生火球，且不希望因此失去視覺。我感覺到第一枚飛彈擦過，距離近到使飛機產生震盪。然後我睜開眼睛、轉回頭，看到另一枚飛彈。

衝擊非常劇烈，一大團光芒與熱氣吞沒了我的飛機，炸飛了左機翼，使飛機開始滾轉。如果你坐在一架陷入亂流的飛機裡，感覺腳有一點點輕，代表你正短暫體驗到零倍G力。當時我處在負七倍G力的環境下，身體從座椅被往上扯向駕駛艙罩。在我掙扎著摸索彈射拉桿時，心中閃過一個念頭：「這狀況真的，真的，真的很糟糕。」

飛彈爆炸的景象非常壯觀，連將近一百英里外、正在飛越波士尼亞（Bosna）的一架空中加油機都看得見。這實際上，也促成了澤爾科上校的生存——他一從翻滾中的飛機彈射逃生後，就立刻聯繫了空中加油機，而對方機組員也已在看到火球後展開搜救行動。

幾分鐘後，澤爾科上校在魯馬鎮（Ruma）南方一處田地降落，離墜機地點大約一英里。接下來的八個小時，他躲在一條水溝裡，敵軍搜索全域時曾一度近到離他只剩幾百公尺。後來，他被駕駛直升機的美軍戰場搜救小隊救出，當時如果他在原地再待幾分鐘，很可能就會被俘虜。

創意，可以縮小敵我差距

佐爾坦・達尼的飛彈營，之所以能夠擊墜最先進的飛機，是因為他的創意與機智。他發現打破傳統的解決方案，足以克服四十年的科技落差。他系統化的為問題排序並加以解決，使飛彈營在戰爭中完好無損，持續擾亂北約的作戰計畫。

在這場為期七十八天的戰爭中，他率領原本被認為無法移動的飛彈陣地，在南斯拉夫鄉間總計行進超過五萬英里，不斷困擾著北約的戰役策劃者。他的機動性、自製誘餌，和極力減少雷達使用的做法，是北約軍隊亟欲解決的嚴重問題，因為儘管他們發射了近一百枚高速反輻射飛彈，卻從來沒有成功瓦解達尼的飛彈營。

這使得北約的空中武力，無法如策劃者預期中的那般自由移動，導致多數飛機遠離戰場，無從發揮功能。就在達尼擊墜F–117一個月之後，他的飛彈營證明自己並非僥倖，再度擊墜另一架飛機——這一次是美軍的F–16，駕駛它的資深戰鬥機飛行員，後來當上了空軍參謀長。

F–117被擊墜，不只要歸咎於達尼，北約的戰役策劃者同樣得為此負責。北約高層對飛行路線的嚴格控管，導致空襲總是從相同方向發起。行動保密不佳，也使得敵軍觀測員能看見飛機起飛，常常提前給對方好幾個小時準備。

在幾次相似的行動後，敵軍的飛彈操作員便能推測出空襲的大致時間、地點、高度與方向，讓他們在縮小與北約先進空中武力之間的科技差距時容易許多。執行任務的飛行員，很快就辨識出這些問題，可是北約的命令體系過於僵化，不允許機組員創新與改良。

在科索沃的空中戰役後，效能作戰隨即加以更新，把不確定性納入考量，大幅增加賦予戰鬥員的彈性。當我開始在阿富汗參與飛行任務時，飛行員對決策過程已經有比那時多得多的影響力。我們的命令體系稱為「空中任務派遣令」（air tasking orders），被當成是一份粗略的指引，可以根據情勢調整。

科技讓高層領導人能更快速的傳播資訊，使戰鬥員可以自行制定符合整體意圖的方針。它使我能夠在飛行時，直接跟更高層的總部通訊，把我高度精確的戰術視野，與他們的戰略觀點相結合，創造出能驅動特定效能的最佳行動。

幾乎在每次任務中，我都會修正收到的命令，甚至有十幾次，都是我根據在駕駛艙內獲知的資訊完全改變任務。儘管終究是由總部負責掌管大局，這種重視彈性的宗旨，代表我可以快速創新，彌補他們在任務規畫時疏漏的缺口。

對那些能駕馭創意的人來說，這是其中一項能帶來指數型優勢的資源。這種優勢，目前也在俄羅斯與烏克蘭的戰爭中發揮作用。儘管俄羅斯侵略了喬治亞、敘利亞，並併吞了克里米亞，之前北約與其他世界強權卻沒有強烈反對，但這種狀況在俄羅斯入侵烏克蘭時，便有了改變。

烏克蘭在弗拉基米爾．澤倫斯基（Volodymyr Zelenskyy）的領導下，以創新和系統化的做法駕馭現代的溝通形式，成功獲取全球各國的支持。他們迅速利用社群媒體放大影響力、搶占話語權，突顯俄羅斯犯下的暴行，同時以各種奇談來團結民眾的抗戰決心，例如：「基輔之鬼」，一位在戰爭開打頭幾天，便擊落六架俄軍飛機的戰鬥機飛行員；以及「蛇島傳奇」，該處守備隊在被殲滅之前，告訴俄軍「回去操你們自己」。

儘管許多故事後來被證明受到了大幅誇飾，仍然有達成效果——它們克服了俄羅斯廣泛的政治宣傳，取得道德制高點，並且向烏克蘭民眾與全世界證明，他們有機會驅逐這個前世界強權。這在國際社會中創造出壓倒性的支持，目前各國除了以經濟制裁對俄羅斯施壓，也提供關鍵資源，讓烏克蘭能繼續戰鬥。

創意與創新的精神也在戰場上生效。烏克蘭的青年發揮創新，把他們的無人機改裝成投下汽油彈的轟炸機。農夫開著曳引機，把俄羅斯的坦克拖離敵軍。烏軍以配有肩射式火箭發射器的快速突襲，摧毀了俄軍的裝甲車與低空飛行飛機。

相對來說，俄軍由於欠缺彈性而陷入癱瘓，連機動戰、後勤補給、車輛修護、通訊安全等最基本的軍事運作，都無法執行，使得烏克蘭這個在士兵人數、裝備和資金上，大約都只有俄羅斯十分之一的國家，能夠把入侵者驅離大部分的國土。

我們時常把創意視為與生俱來的天賦，但它可以被培養與改善。**創意，單純就只是把事情以非傳統的方式連接起來而已**。有些人天生擅長找出創新的解答，不過大多數人與組織，都可以利用一套程序與框架，在某種程度上拆解問題，藉此催生出有創意的新做法。

效能作戰是啟發創意做法的最佳工具之一，不過在使用之時，我們必須了解世界充斥著不確定性，不可能精準預測未來。所以對抗手段，就是**擁抱不確定性，在任何計畫中建立彈性**。

當我們制定決策時，只是在嘗試把機率扭轉成對我們有利——有些好選擇不如預期，其他壞選項卻個個成真。運氣因素難以避免，不過長期來看，具備一套系統化方法，來尋找與估算解答的人，將能給自己帶來巨大的優勢，不管在戰場、會議室，或個人生活之中皆是如此。

第六章

戴上頭盔，智商就會下降 20

在教室裡看來容易的事情，一旦進入炎熱的駕駛艙，做起來就困難了，心智訓練、聚焦訓練、座椅飛行，是美國空軍基地固定實施的課程。

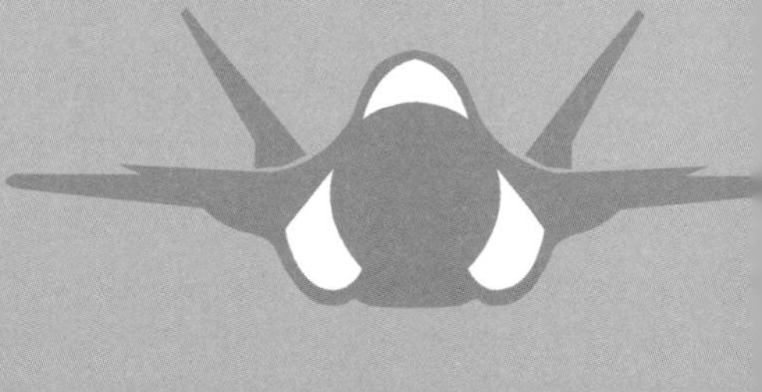

阿富汗，帕爾旺省，當地時間下午三點三十分

我坐著聆聽情資簡報，一位陸軍官員向我提供高風險行動的最新資訊，說明數支特種部隊在阿富汗東部楠格哈爾省的動向。伊斯蘭國已擴張到阿富汗，開始在與巴基斯坦國境交界一帶扎根。

他們以血腥殺戮來恐嚇民眾，並強迫青少年化身人肉炸彈，攻擊北約軍隊。在幾週內，他們便成長到可能顛覆該國政府的程度。我們收到國防部長直接下達的命令，要求「殲滅他們」。

計畫很單純：從伊斯蘭國控制區最北方的村鎮開始，由地面部隊發起掃蕩任務，迫使敵人撤至南方荒涼的山脈，再由空中支援傾灑火力。這個為期數週的行動，被認為具有高度風險，因為各隊必須下車走進村鎮。為了盡可能降低傷亡，村鎮已經開始撤離，但許多居民無法或不願意離開家園。

為了保護民眾，我們遵循的交戰法則，必須假定仍留在該區域的人士沒有敵意，這代表我們的火力將嚴重受限，時常會給伊斯蘭國武裝分子搶先攻擊北約軍隊的機會。

空中支援是關鍵的優勢：這項計畫號召了混合火力掩護，包括阿帕契直升機隊、AC-130空中砲艇隊，和F-16機隊，提供地面部隊全天候的火力支援，另有數十架偵察機監測該區域，並在掃蕩任務發動前先行探路。由於我們是阿富汗唯一的戰鬥機中隊，為了提供晝夜無休的掩護，我們每四小時只能出動兩架F-16。

這項行動的第一週相對順利。參與的隊伍每日遭受槍火洗禮，不過有著優越的裝備與訓練支持，使他們在保持距離的狀況下，仍能與敵方有效交戰。我們則在上方與空軍配屬的戰鬥管制員——全世界最精良的特種部隊士兵——合作殲滅敵人。

我們混合使用五百磅炸彈、兩千磅炸彈和雷射火箭彈，成為一支能快速清理指定區域的致命小組。久而久之，儘管我們從未與戰鬥管制員見面，彼此卻發展出良好的關係，甚至可以從聲音就辨識出對方身分與行動風格。

當我與僚機飛行員聆聽情資簡報時，陸軍官員告知在二十四小時前、我們上一次飛行之後的最新資訊。我們仔細確認各隊伍目前的位置，以及對他們攻擊的火力從哪裡發動，接著觀看前一天空襲的駕駛艙紀錄，從中蒐集敵方戰術演變帶來的教訓，並思考我們該如何發揮更大效果。

簡報到一半時，我們被一位行動督導官打斷——地面部隊在進入新村落時遭受伏擊，雙方正在交火。目前提供掩護的飛機已快要用盡武裝，需要我們盡快起飛以輪替。

我們迅速整裝，我穿上抗G服、束帶與救生背心。我整裝的最後一步，向來是從身上的槍套拿出M9手槍，連同一個備用彈匣放進救生背心的槍套，以防必須在敵方鄉間上空彈射逃生。

我們隨即前往機庫，發動飛機並搭載好武裝，接著快速起飛。我們一路向東，把後燃器開到最大，速度只略低於音速。一抵達通訊距離，我就聯絡了另兩架F–16，確認他們已經用盡武裝，殘餘燃料量也不多。他們在轉達友軍位置以及交戰過的地點後，便離隊返回基地。我們則把無線電調到戰鬥管制員的加密頻率，開始與他們協同作戰。

我們最先聽到的內容，是阿帕契直升機隊的通報，他們殘餘的燃料不足，即將返回基地。因為他們飛行速度偏低，大約只有高速公路最高速限的兩倍，所以我們不會在這趟任務再看到他們。

這是很大的損失——阿帕契是最有價值的密接空中支援火力，這種直升機不像戰鬥機，在一萬英尺高空高速活動，而是伴隨在地面部隊附近，能輕易跟上部隊步伐協同機動，加上擁有龐大的武器搭載量，使他們在村鎮或村落這種區域支援時格外有效。

接下來，我們聽到地面的戰鬥管制員與此地「堆棧」（stack）的其他飛行員彼此合作，「堆棧」是指行動正上方的空域。有時一項行動中，會有十五架飛機在不同軌道提供支援，為了避免干擾與彼此碰撞，或是炸彈誤擊到友機，每架飛機都會被給予一個指定高度的活動區塊，例如一萬五千英尺到一萬七千英尺高。

在今天的堆棧裡，我們上方有幾架偵察機與一架「掠奪者」（Predator）無人攻擊機，下方則是令人望之生畏的AC–130空中砲艇——這是一種改裝運輸機，搭載著二十五釐米格林機砲、四十釐米自動機砲，以及龐大的一百零五釐米榴彈砲，實質上等同是一艘飛行戰艦。

我跟這位戰鬥管制員合作過，注意到他即使在交火期間也始終保持鎮定，但這一次他的聲音聽來緊繃。他快速說出隊伍前方的指定區域，要求AC–130前往偵察。而當我們呼叫他報到時，他為我們更新各隊伍的位置和計畫，以及敵軍可能潛藏其中的可疑建築。

掩護任務的頭幾分鐘，向來是最困難的部分。無論在簡報時把計畫講得多詳盡，快速獲取狀態意識仍是一大挑戰，需要掌握友軍位置、敵軍所在，以及所有人接下來會往哪邊移動。

所有計畫在接敵後皆無法繼續執行，意思是當你在空中時，總是會有需要克服的變化。而如今阿富汗軍隊作為友軍，與美軍特種部隊混雜行動，造成難以追蹤所有參與者的動向，使複雜性更為增加。

就像醫師的希波克拉底誓詞[1]（Hippocratic Oath），當我們執行密接空中支援時，首要之務就是不要誤擊友軍。我們把意外造成友方士兵傷亡，稱為「誤殺」（fratricide），這是我們所能犯下最糟糕的惡行，這種結局比自己喪命更嚴重——知道有位同袍因為你犯下的錯誤，而受到重傷甚至陣亡，令人完全無法饒恕。就算是在模擬訓練中，誤擊友機或是把炸彈投至錯誤目標，都會被嚴厲追究並迅速加以懲罰。

當我與僚機在指定軌道散開至目標兩側時，我聽見無線電劈啪作響，接著戰鬥管制員開始大喊：「我們遭受攻擊，是非常精準的射擊！」我能在背景聽到自動槍械開火的聲音，同時有另一名士兵高喊著，指示槍火的來源。

管制員呼叫AC-130攻擊敵軍，那架在我下方幾千英尺的飛機，緩緩繞到我的對側然後開火，釋放出的瓦斯在它後方形成一道煙塵。幾百發子彈射向伊斯蘭國士兵發動射擊的區域，並在命中時生成一陣陣的火花。

大約十五秒鐘之後，管制員喊出我的呼號：「毒蛇，我們現在需要炸彈，準備九線簡報（nine-line）。」九線簡報是我們在協調空中打擊時的術語[2]。我們是現場唯一有能力摧毀建築的飛機，AC−130儘管搭載著強大火力，但缺乏穿透建物的武裝。

管制員接著提供發出攻擊的建築位置給我。我接收座標，確認雙方是在討論同一棟建築，然後飛向目標。我掀開主武裝的按鈕蓋，射出雷射以精準測量距離，並把資訊傳給炸彈，接著按下紅色發射鈕，五百磅的炸彈快速落向目標。四十五秒之後發生爆炸，屹立的建築如今被一團煙霧取代。

大約在這個時候，AC−130的無線電完全失效，導致他們無法跟任何人通訊。

1 編按：醫師在執業前宣示的誓詞，自古希臘流傳演變至今，其中重要的主旨之一，便是不得傷害病人。

2 編按：在呼叫火力支援時，需簡報飛行員目標方向、距離、海拔高度等九項內容，故稱九線簡報。

戰鬥管制員試著呼叫AC-130好幾次，要求提供額外火力，我可以從他的聲音聽出情勢嚴峻：「我們需要立即的火力支援，現在就要！」但他一直沒有收到回覆，於是轉為提供我們更多目標位置。

接下來的五分鐘，我與僚機又投下了幾顆五百磅炸彈，中止了伊斯蘭國武裝分子的主要攻勢，把他們推回一條乾涸河床的對岸。就在這時，我聽到無線電傳來有名士兵被擊中。「很嚴重……他看起來狀況不好。」管制員說道。

名列誤殺之下，第二嚴重的結局，是有士兵在你提供掩護時陣亡。當你提供密接空中支援時，那些士兵就是你在這裡的原因，他們仰賴你保護。在接受飛行訓練時，我聽過教官聊起出擊過的戰鬥任務總數，以及他們怎麼在提供掩護時，讓所有士兵活著回來。我一聽見管制員提到那名被擊中的士兵，就感覺心頭一沉。

當你戴上頭盔，智商就會下降二十

在戰鬥機圈子內有個說法：「當你戴上飛行頭盔，智商就下降了二十。」這代表在教室裡看來容易的事情，一旦你坐進炎熱的駕駛艙，數十個人同時在用無線電講話，而且攸關人命時，做起來就困難多了。

情緒會嚴重影響我們的決策能力。生理上，我們已經演化到大腦裡負責理性的部分（被稱為新皮質），跟負責情緒的邊緣系統彼此交織。這造成**我們容易自認遵照理性行動，實際上卻已經被情緒牽著鼻子走**。

平均來說，人類每天會有超過六萬個念頭，其中超過八五%是用來進行與恐懼相關的規畫，也就是擔心未來可能發生的事情。我們會演化成這樣，可能是因為在過去，死亡無所不在。如果我們跌斷腿，幾乎沒有機會存活。連社交上的決定也會攸關生死。

部落之間總是不斷交戰，考古學家在分析石器時代的骸骨時，估計當時有二五%的死因是人為殺害，這個驚人比例是現代的兩百倍以上。如果你被周遭的人排斥，靠自己生存的機率小到幾乎不可能。這種無情的生活方式，造成我們的心態趨於保守，但這與現代世界並不契合。

當大腦的杏仁核感應到危險時，它會啟動跟壓力、恐懼相關的荷爾蒙，例如腎上腺素和皮質醇。隨著身體準備行動，肝臟會釋放葡萄糖，為肌肉提供額外的能量。皮質醇能提高血糖水平，同時降低免疫反應。我們的消化系統會暫停運作，讓人感覺腸胃打結或翻騰。

肺部則會加強運作，為氧氣需求增加做準備，造成呼吸短而急促、口乾舌燥和吞嚥困難。腎上腺素進入血流時，會導致心跳加快，使我們的胸口、脖子和臉發紅並有一股暖意。不過，在體能方面提升準備也有其代價。我們的前額葉皮質——大腦中最發達的部分，負責高層次認知能力——將會暫停運作，使得工作記憶機能減退；注意力分配，則從能根據優先順序仔細考慮的由上而下法，轉換成容易執著於造成最多刺激感受者的由下而上法。

美國空軍在第二次世界大戰後，觀察到那些在承平時期技巧高超的飛行員，卻時常在對戰最激烈的時刻，犯下簡單的心智錯誤而墜機，於是開始研究這種轉變。多年來，空軍進行了幾項研究，探討壓力會如何影響飛行員，得出儘管遭逢壓力能小幅改善簡單、曾經反覆練習的任務表現，卻會嚴重降低那些需要複雜或彈性思考的任務表現。

身為飛行教官，我一直從學員身上看到這種狀況。實際上，其中一例就發生在我撰寫本書時。我正在與一名表現中上、剛結束飛行員訓練的學員一起飛行，換句話說，他經驗不足、年僅二十多歲。在飛行前，他能輕鬆回答我提出的所有問題。

而在飛行途中，他也圓滿達成領隊進入指定空域，並且跟我纏鬥等事項。

不過在返航途中，情勢開始崩解。塔臺指示我們更換頻率，這是一項十分單純的事務，一趟飛行中會發生許多次，但這名學員不慎調到錯誤的頻率。F－35是一架獨特的飛機，配有巨大的觸控螢幕，就像把兩臺大型iPad結合在一起，取代其他飛機使用的指針與儀表盤。儘管這樣能大幅改善飛行員在戰場上的狀態意識，卻也需要時間習慣，而經驗不足的飛行員就容易在螢幕上點錯按鈕。

在無線電陷入沉默一段時間後，這名學員發覺狀況不對，開始檢查問題，懷疑是無線電故障了。因為F－35是單座飛機，教官必須遠從另一架F－35上監督學員。當我脫離他的飛行隊形時，我注意到他的高度飄移了幾百英尺——這是他開始手忙腳亂，無法順利管理交叉檢查的跡象。

在三十秒內，他發現了問題所在，並把無線電調到正確的頻率。不過在通訊時，我能清楚聽出他的聲音變得更尖銳一些，說話更常停頓，呼吸也更急促。在這趟飛行的剩餘期間，我彷彿在陪伴一名完全不同的學員——原本冷靜且表現中上的他，如今飛得跌跌撞撞。他開始漏掉無線電的呼叫，而在飛行姿態改正時，也抓不到下降的適當時機，甚至試圖切進另一組戰鬥機編隊，讓我出手干涉了好幾次。

在飛行結束後的彙報中，我們分析先前事態，找出了根本原因——他很生氣自己犯下這麼簡單的錯誤。他也害怕自己可能搞砸了這趟飛行，他過去從未這麼慘。氣憤與恐懼讓他陷入「戰鬥或逃跑反應」（fight or flight response），使得前額葉暫停運作，他做出邏輯判斷的能力也隨之消失。那個錯誤在幾秒鐘之內，就把一個表現中上的學員，變得連飛機的基本控制都做不到。

我多年來伴隨過幾百位學員飛行，我得說，他的感受並不稀奇——菜鳥飛行員就算在接受訓練時表現良好，也容易在實際飛行時心智崩解。這常常是因為，**他們還沒學過如何管理情緒**。

他們害怕讓別人或自己失望，這種對戰鬥機飛行員的期待相當沉重，因為要透過幾千人的付出，才能讓你完成任務——或許有間諜在地面上不顧安危的蒐集情資，無人機與人造衛星操作員花費數週時間調查指定區域，空中加油機的機組員從不同大陸飛來為你補充燃料，指揮中心內的人員即時監測你的進展。有上述這一切，才促成你得以對目標發射武器。

你是這道鎖鏈的最後一環，如果犯錯，所有人的心血都將付諸流水。在許多狀況下，這些機會稍縱即逝，目標可能再也不會出現。

除了害怕失敗，我們也畏懼受傷或死亡。在像是阿富汗這樣的低威脅戰場上，被擊墜的風險不怎麼高，因為我們時常位在一萬五千英尺的高空，相對來說算是安全。不過戰鬥機必須權衡表現與可靠度，兩者時常無法兼得。現代F-16的墜機率，大約是每飛行十萬小時會墜毀兩架。

身為飛行中隊成員，在接受部署時，我們被預期要飛行將近一萬小時——這代表有五分之一的機率，其中一人會墜機。你心底會始終意識到，如果飛機的引擎或其他重要元件失效，在幾分鐘之內，你就得在不友善的鄉野裡躲躲藏藏，附近所有人都將會搜捕你。

在我的部隊抵達阿富汗不到一年之前，有一架飛機剛從巴格蘭起飛時，飛行員看到機身前方有一陣大爆炸，隨後是隆隆的摩擦聲、兩次巨大的重擊聲，以及劇烈的搖晃。

那時，那架飛機在跑道上方僅二十英尺高的位置，速度卻已經達到每小時兩百五十英里，空速過快導致無法降落在剩餘的跑道上。儘管後燃器全開，飛行員仍感覺飛機失去推力，於是他陡然爬升，以速度換取高度，接著拉動彈射拉桿，啟動一連串複雜的事件以自救。

起初，駕駛艙罩向外炸開，與飛機分離並吹走飛行路徑上的東西。隨後座椅內藏的火箭動力推進器啟動，製造出超過四千磅的推力，同時以將近二十倍G力的力道，猛然將他射出機外[3]。座椅接著分離，於是在拉動彈射拉桿的兩秒鐘之內，他已經完全張開降落傘了。

從飛機彈射逃生是一段激烈的過程，將近三分之一飛行員的脊椎因此骨折。就算脫離了飛機，考驗還沒結束。落地的衝擊同樣劇烈，相當於穿著五十磅的裝備從屋頂跳下來。由於彈射可能在任何時間啟動，加上只有極少手段能控制降落傘，所以很容易降落在巨岩、大樹、電線，或其他能讓你受傷的危險物體上。

在戰鬥中處處危機，即使是扭到腳踝這樣的小傷，在你急於躲避敵軍時也可能致命。本例中的飛行員僥倖只受到輕微傷勢，更驚奇的是，因為他降落的地點非常接近基地，於是他在塔利班甚至友軍救援部隊出動前，就自行跑進基地大門了。

遺憾的是，大多數飛行員的運氣沒那麼好。戰鬥機飛行員是少數會深入敵境的人，而且有高機率被拋下。儘管我們向來會以多架戰鬥機組成較大的編隊出擊，但在燃料與後勤鮮有餘裕的狀況下，其他飛機通常只能在空中多待幾分鐘。

此外，因為在阿富汗時，我們無論何時都只會有兩架戰鬥機在國境內飛行，如果有多支地面部隊遭受攻擊，我們常常會分頭掩護，導致必須各自努力，倘若需要彈射逃生時，也會遠遠超出彼此的無線電通訊範圍。降落在高山區域時，幾乎不可能用直升機救援，代表我們被迫要躲避塔利班與伊斯蘭國武裝分子好幾天，而對方勢必會盡其所能的搜索。假使他們成功，根據近期事蹟顯示，俘虜將會面臨可怕的下場。

兩年前，一名約旦飛行員在飛越敘利亞時發生機械故障。米納·卡薩斯貝（Muath al-Kasassbeh）當時二十七歲，正在執飛他的首趟戰鬥任務之一，跟我所屬基地的另一支中隊進行聯合打擊。後來他被迫從故障的F-16彈射逃生，但伊斯蘭國武裝分子很快便俘虜了他。

卡薩斯貝在受俘的幾週期間遭到虐待，而在伊斯蘭國與約旦政府交涉失敗後，他們釋出了一支精心製作的影片，內容是負傷的卡薩斯貝被活活燒死。影片最後列出許多他飛行員同袍的姓名，很可能是透過拷問他取得的資訊，並以兩萬美元的價

---

3 作者註：大多數飛行員在彈射逃生之後，身高會減少五公分。

格懸賞上述飛行員的性命。

像米納・卡薩斯貝這樣遭受虐待與殺害的情況並不罕見。基於戰鬥機能為戰場帶來的戰略重要性，敵方很清楚捕捉並虐待戰鬥機飛行員帶來的象徵意義。現代的非國家組織（non-state actors）不遵守武裝衝突法規和《日內瓦公約[4]》（*Geneva Conventions*），代表他們的行動毫無慈悲。由於受俘在世界上某些區域並非可行選項，許多我在派遣時共事過的飛行員，都決心在落入敵手之前自裁。

在卡薩斯貝遇害的一年後，由羅曼・菲利波福（Roman Filipov）少校駕駛的另一架戰鬥機，在距離卡薩斯貝被俘虜處一百二十英里的位置，遭到肩射式地對空飛彈擊中。飛機隨即起火，迫使他彈射逃生，叛軍還在他降落的過程中持續開火。

落地後，他發出無線電通報自己已完成彈射，正被敵人包圍。菲利波福最後一次出現的影像片段，是一群叛軍接近他，正要抓住他時，他大喊：「夥伴們，這是為了你們！」接著引爆掌中的手榴彈。

戰鬥中總是存在某些恐懼的元素，不過恐懼能夠加以管理，事前準備與現實世界中的經驗，都能大幅減輕恐懼。但我發現，心理韌性訓練在應對強烈情緒時，是目前最有用，卻也最未充分利用的領域之一。

當年接受飛行員訓練時，我在飛行相關的各方面都沒有特別出色，不過在心理韌性訓練上具有優勢，因為我在就讀空軍官校時，加入了拳擊校隊。這項運動讓我著迷的地方，在於它獨特的結合了體能與心理層面的技術，兩者需均衡發展，才能擊敗對手。雖然我從小到大參與過各種體育活動，但拳擊對心理韌性的要求，遠大於其他運動。

在拳擊中，你將獨自一人在擂臺上抗衡對手，沒有人能幫助你。這是種格鬥運動，跟你打鬥的另一人受過訓練，預期將在你的親友面前擊倒你、傷害你，雖然我在體能技術上有所提升，但我知道，自己在心理層面上並未準備到所需的程度。

對戰前的壓力，使我在爬上擂臺時就已感覺疲憊。而在格鬥過程中，壓力時常令人更難專注。當我犯錯時會念念不忘，反而無法專注於比賽計畫。有時候，我在比賽初期就被組合攻擊打中，接著便因為擔心被擊倒，導致無法發揮應有的積極攻勢；其他時候，我眼看即將輕鬆獲勝，接著便分心遐想賽後要做的事，導致犯下錯

4 編按：主要內容為交戰時，需以人道對待戰俘、傷兵與平民等非作戰人員。

誤。當時我並不明白自己在心智上自我阻礙，但這是個改變思維的契機，促使我更能掌握自己的情緒。

美國空軍官校座落於科羅拉多泉市（Colorado Springs），那裡同時是美國奧運訓練中心的所在地。有一天，我在空軍官校的人類運動表現實驗室（human performance lab）外等待，準備參加一場分析運動員在高海拔環境下表現的研討會。由於這所學校建在高於海拔七千英尺的地點，它為與高度相關的研究，提供了獨一無二的測試環境。奧運訓練中心的心理學家坐在我旁邊，於是我們聊起心智表現訓練，以及為何幾乎所有奧運運動員在體能鍛鍊以外，也都有一套專門的心智鍛鍊計畫。

隨著在這個領域學到更多，我開始明白在飛行中感受到的體驗，是身體對內在與外在壓力的自然反應。更重要的是，我有了能用來克服壓力的優質方法，例如視覺化訓練、自我對話與特殊的呼吸技巧。

我開始在鍛鍊體能以外，也訓練心智為格鬥做好準備，接著便注意到我的拳擊表現有所提升，尤其在緊要關頭時。我也越來越享受格鬥，這促使我投入更多時間鍛鍊，進一步強化了我的表現。不過，真正的突破，是發生在我把這種訓練應用在擂臺以外的人生時。

在參加重要考試，或需要對一大群人發言之前，我開始運用這些技巧。我也在跳傘與第一次駕駛滑翔機時運用它們。毫無疑問，它們改善了我的表現，同時減輕了壓力。雖然不是百分之百有效，但它們賦予我一套能管理思維與情緒的計畫。儘管無法取代苦幹和籌備，不過我感覺，自己解開了大幅提升表現的關鍵。

當我在幾年後參加飛行員訓練時，我以為他們會從飛行員的觀點解釋如何運用這些技巧。但儘管課程是一流水準，卻完全沒有談到如何管理情緒，或是情緒會如何影響我們的思考與決斷。於是我知道，過去幾年做的心智訓練，將帶給我巨大的優勢。**雖然我不是最有天分的飛行員，但我能在必要時刻能夠專注，而就算在飛行時犯下錯誤，我也不會因此崩潰。**

許多學生正是在心理層面苦苦掙扎。飛行員訓練是世界上最競爭、步調最快的訓練計畫之一，甚至只有三%的申請者能入選受訓。大多數學員在至今為止的人生中樣樣精通，但每段訓練，都是由三十名學員來爭奪少少幾個駕駛席次的過程。

在受訓第一天，基地指揮官來到教室，簡短發言後要大家閉上眼睛。他說：「想駕駛戰鬥機的人，請舉手。」接著他要大家睜開眼睛，三十名學員全都舉著手。他說：「你們當中，只有兩人能取得駕駛戰鬥機的席次，其他人則會駕駛運輸機與空中加油機。當你們在這裡受訓的期間，想想這件事。」接著他走出教室，訓練正式開始。

訓練初期，那些曾在民用領域擁有豐富飛行經驗的學員，似乎能輕鬆取得戰鬥機駕駛資格。其中一名學員在加入空軍前，已經是名商業飛行員，累積了數千小時飛行時數。不過隨著訓練進行，與商用飛行重疊的部分越來越少。接著有那麼一刻，教室裡所有人不管經驗多寡，全都被逼到超出極限，結果在一項機動操作或整趟飛行以失敗告終。

對一些學生來說，小錯誤會迅速惡化到失去控制。他們無法控制情緒，被懼怕失敗的感受壓垮。其中一名學員原本表現相當不錯，卻在一週之內完全崩潰，連續發生三次飛行失敗，還沒到週末就被命令退訓。

即使是那名商業飛行員，畢業時的成績也只算中等，因為他無法在犯錯之後保持堅毅。而儘管我在各階段訓練的表現都不突出，當真的犯錯時，我總能快速振作起來，這主要得歸功於，我在打拳時學到的心智工具。

接下來的幾年，我持續訓練心智，這對我助益良多。而當晉升到領導階級時，我把這種觀念傳授給年輕飛行員，不過它仍然沒有被完全正式教導。直到我轉為駕駛F–35時遇見一位中將，他負責監督空軍所有的飛行訓練，職權涵蓋六萬名人員與一千六百架飛機，事情開始有了轉變。

當時為F–35進行的戰術訓練，都經過全新規畫——在那之前，飛行員主要被用來協助蒐集開發飛機所需的資料。不過隨著F–35即將投入實戰，軍方高層開始對如何改善未來飛行員接受的訓練感興趣。

我與那位中將談到，心智表現這個面向，顯然仍未被充分利用。他那時正在翻新飛行員的訓練計畫，而他希望，不只要提升飛行相關的訓練效率，也要改善包括飛行員在內的整個武器系統。心智表現訓練，與他的目標密切契合。

像美國空軍這種規模的組織，要發生改變並不容易。許多內部與外部的團體，都為有限的資源爭奪不休，導致許多建議無法脫離規畫階段。此外，專門針對心智訓練，也是文化上的重大變革。

到那時為止，軍方向來相信心智能力是天生的素質，如果有學員在壓力下崩潰，代表他們欠缺當上戰鬥機飛行員的能力。這被稱為「自生自滅心態」（eat-your-own mentality），使得表現不佳的學員很快就會被退訓。

不過，在這位中將的支持，以及一名航空軍醫的英勇表現下，終於讓心智表現訓練獲准在我派駐的基地測試。其中的想法是：每一名飛行員都要花費我們上百萬美元來訓練，但錢幾乎都沒有用在改善他們的心靈與肉體。我們何不使用最新銳的表現管理技術制定教學大綱，藉此強化所有飛行員的心靈與肉體，最佳化他們的決策能力？

汽車大小的炸彈

在管制員說完「很嚴重……他看起來狀況不好」後，無線電陷入一片死寂。我心頭一沉，渾身一陣麻木。我不由得想到那名士兵的家人，很快將會有人前往拜訪，而當他們應門時，會看到一對軍官與牧師身著正裝，告知他們的丈夫或兒子陣亡的噩耗。幾秒鐘之間，我的思緒沉浸在這名士兵與他的家人之中。

我大腦裡講邏輯的那一面，知道自己必須重新專注在戰術情勢上，但情緒揮之不去。我試圖把這些念頭趕出腦海，但它們不斷返回。我開始無意識的使用自己在近十年前學到的技巧，終於慢慢專注回當前的情勢發展。

一名新的敵方狙擊手就定位，開始對地面部隊射擊。我們與管制員合作，我派僚機對該處投下一枚五百磅炸彈。一分鐘後，智慧型炸彈引爆，把那棟建築解體成區域內的一團煙塵。那架AC–130的無線電仍然故障，跟外界斷絕聯繫，使得他們無法確認攻擊目標。

密接空中支援，即使在最好的狀況下也是困難之舉，因為它需要地面部隊與上空飛機密切整合。物體從空中看到的模樣，有可能會完全不同，尤其透過標定莢艙觀察到的黑白畫面更是如此。

先想想你上一次搭飛機、往下俯瞰都市景觀時，是不是連關鍵地標都常難以分辨出來？現在再想像，你飛在外國村鎮上空，底下的建築凌亂無章，友軍與敵軍交相混雜，還要在其中找出指定地標。如果你投下的炸彈離敵軍太遠，對他們只會造成極小的影響；但如果落點離友軍太近，你可能會誤殺你正試圖保護的那些人。

儘管AC–130的無線電無法運作，仍開始對他們先前看到敵人的區域持續開火。那些機組員為了保護部隊，選擇魯莽行動，不惜違反規定、冒著被開除的風險。我透過標定莢艙，看到子彈在區域內彈跳與爆炸，而在駕駛艙外則能看見AC–130的完整威力，它把一大片區域化為地獄般的景象，遍布瓦礫與塵土，迫使一群敵人逃走。

但其他敵人已分頭進入鎮內，占據了數棟建築，從多個方向朝我方開火。地面部隊仰賴我與僚機清出一條脫離村鎮的路，不過因為 AC–130 仍然飛在貼近的軌道上，導致我們沒有能安全開火的彈道。此外，基於感測器設定，我們必須飛在對側的軌道，代表我們必須完成艱難之舉——讓炸彈不只避開 AC–130 的軌道，又能命中在地面移動的目標，是一項失誤空間極小且複雜的攻擊。

僚機跟在後方，我加速到將近音速，然後擴大我的飛行軌道，使 AC–130 有時間繞回。當那架大型飛機傾斜著飛向我們，我滾轉著接近目標，並等待 AC–130 越過我的機鼻。當我在抬頭顯示器看到，AC–130 的軌跡來到前方時，就是我投下炸彈的時機，但我有點不安，因為我將在正下方有十三名機組員時投彈。

我按下武器發射鈕，一會兒之後，就感覺到炸彈從機翼脫離的振動。當炸彈在空中以弧線移動時，我回到自己的飛行軌道，接著用標定莢艙導引炸彈落向移動中的敵人。三十秒後，我的炸彈命中目標，僚機的炸彈也隨即命中。我對著無線電說：「一號炸開。」表示我的武器順利引爆。僚機也跟著說：「二號炸開。」

「射得好！射得好！」管制員在我們繼續搜索目標時說道。在這個時候，AC–

130已經「溫徹斯特」（Winchester）了，意思是，它耗盡武裝並返回基地。這群機組員展示了可觀的威懾武力。為了阻止敵軍腳步，他們已經把能做的全都做了，甚至開火到武器過熱。

地面部隊已經與敵人交火好幾個小時，幾乎要用完彈藥與補給。我的編隊也是如此，僚機剩下三枚小型雷射火箭彈，我則只剩最後的武器——一枚巨大的兩千磅炸彈，用途通常是摧毀洞窟。我透過衛星通訊聯繫總部，告知需要派出更多飛機出擊，否則在缺少外援的情勢下，部隊將會被困在村鎮內，伊斯蘭國則能鞏固他們的陣線。總部回報，在接下來的兩小時內沒有能出擊的飛機，不過陸軍正在協調發射一波長程飛彈至敵軍位置。

為了持續提供部隊掩護，我讓僚機脫隊，去軌道上的空中加油機補充燃料。如果我盡量減少我的燃料消耗速率，就能繼續留守現場直到僚機返回。目前伊斯蘭國武裝分子已聚集在一個有圍牆的建築群，與我方正面抗衡，雙方只相隔一條乾涸的溝壑。

圍牆讓敵人在持續開火時不只享有高處優勢，也能提供掩護——它必須被摧毀。但現場只有我這架飛機，而我只剩下最後的武器，一枚用來破壞洞窟的兩千磅炸彈。如果我對建築群投下這枚炸彈，友軍將完全在爆炸的致死半徑之內。這會是一次「非常危險」（danger close）距離的投彈，意思是有機會殺傷友軍。儘管我在戰鬥中曾多次於危險距離內發射武器，但這一次實在太接近友軍，幾乎只有投彈建議距離的三分之一。

炸彈爆炸的強度並不是線性衰減，而是遵循明顯的長尾效應。這代表與炸彈落在公認的危險距離外緣相比，當距離縮減為三分之一時，部隊所承受的震波、負壓和碎片殺傷，不只有三倍，而是變成二十七倍。

超過一千磅的彈片將以超音速四散到空中，移動速度可達每小時五千英里，足以讓鋼製圓彈丸穿透一英尺厚的裝甲。而在爆炸引發真空狀態後快速出現的負壓，還會造成額外的巨大傷害。我們在訓練時，從來沒有模擬過在這麼接近友軍的狀況下投彈，因為這被自動判定為將導致誤殺的情形。

不過，現在並不是正常的狀況。敵方自防禦建築群射出準確的槍火，使友軍動彈不得。我們也沒有多少時間——他們的彈藥不足，我則快要來到賓果燃料量。目前我想出兩個減輕炸彈威力的選項。

第一個選項，是把炸彈投在建築群遠離友軍的那一側，讓這些建築充當友軍的盾牌。但這枚炸彈是我僅剩的武裝，我得確保它能摧毀敵軍陣地。

第二個選項，是快速改寫炸彈引信的設定，讓它在擊中目標後延遲不到一秒再引爆。這麼做能使炸彈落進地底幾英尺，減少震波和碎片殺傷。

我需要對自己與僚機發射的武器負責。刻意在接近友軍的位置投下兩千磅炸彈，違反了我們所有的戰術規定，若有任何友軍被殺傷，我可能將永遠無法再駕駛飛機，甚至有機率受到軍法審判。

不過，戰鬥最美妙的一個部分，就是大多數人並不在意自己的職涯，他們為所當為，但求達成任務、讓大家平安回家。我曾看過：空中加油機的機組員繼續為其他飛機補充燃料，儘管他們自己的剩餘燃料已遠低於賓果燃料量；飛行員在天候惡劣到嚴重不符飛行最低標準時仍然出擊，前往協助遭受攻擊的部隊；還有人在脫離建議飛行包絡線的位置發射武器，因為那是他們救援地面部隊的唯一辦法。規則與條例是設計來規範通用的情境，但**戰鬥讓人置身於種種變數互相組合的形勢，永遠不可能事先預測**。

對我來說，唯一重要的事是找出最佳選項，不只能最大化好處，也能把對地面部隊造成的壞處降到最小。從遠離戰場的一萬五千英尺高空，我能縱觀全局。敵軍在增援陣地，實力只會越來越強，友軍卻正被漸漸耗減。我不知道接下來會怎麼發展，但我估計如果我不行動，友軍至少有五〇%的機率發生更多傷亡。此外，雖然目前機率還不大，但倘若伊斯蘭國繼續增援，戰情將會來到轉折點，越來越有可能壓倒友軍。

為了判斷投下這枚炸彈的價值，我開始使用在派遣前記住的「殺傷力機率」（probability of incapacitation）圖表。這張圖繪出各種搭載武器的有效範圍，以及範圍內的致傷機率。不過，今天這次投彈完全超出圖表內容，我必須外推風險。

考慮完冪次定律，我估計友軍如果沒有找掩護，將會有三〇%的機率受傷。如果我改寫引信設定，使炸彈在地底引爆，有可能讓受傷機率降到約一〇%。假如友軍能躲在堅固的掩體後方，例如大石塊或土丘，受傷機率還能進一步降成個位數。

我把資訊傳達給管制員，說明我可以摧毀那個建築群，但他們會面臨重大風險，必須在炸彈引爆時躲在掩體後方，摀住耳朵並張開嘴，避免他們的鼓膜與肺部在承受負壓時破裂。管制員與地面部隊指揮官商量後，同意冒險一試。

於是我推動油門桿加速，盡量賦予炸彈移動並命中目標所需的動能。接著我滾轉接近，感覺到G力把我壓進座椅，然後在抬頭顯示器裡對齊飛行姿態。再來我低頭看向航電設備，調整我在標定莢艙內的瞄準位置，讓它稍微偏移並遠離友軍，但仍然落在建築群的屋頂上。

我扣下一半板機，射出雷射，把有效瞄準座標傳給炸彈。接著再度確認總武器電門（master arm）是在啟動狀態，然後用力按下紅色發射鈕。在一秒鐘半的時間裡，什麼事都沒有發生，因為發射訊號還在傳送給炸彈，夾箍即將鬆開。雖然我在生涯中投過許多枚炸彈，這一秒半仍令人感覺漫長無比，尤其是在關鍵攻擊的時刻。這個汽車大小的武裝，終於從我的機翼分離，衝力使飛機向另一側傾斜。我對著無線電喊道：「武器發射，四十五秒後著彈。」

這個時刻，已經沒有我能多做的事情了，那枚炸彈已踏上不歸路，只能靠自己。儘管現代武器極為精準又可靠，但仍然有幾十種單點故障，能導致炸彈錯失目標。上個月我的中隊就投到好幾枚「笨彈」，因為炸彈內有一項故障，導致其落在離預定目標非常遠的位置。目前友軍如此接近，這次投彈完全沒有犯錯空間。

炸彈以弧線朝目標移動，我則回到飛行軌道。我的標定莢艙正放大並固定在建築群上。著彈時間持續倒數，我看到伊斯蘭國武裝分子開火時的槍口焰。「十秒鐘。」我對著無線電發出警告。巨大炸彈的移動速度如今只略低於音速，持續飛向目標，發出類似貨運火車行駛時的噪音。因為它的移動速度極快，著彈前幾秒才聽得見這陣噪音。

當倒數歸零時，我看到炸彈在螢幕上快速移動，然後落在建築群的後半部，震波迅速向外擴散，接著所有掩蔽物都被炸彈產生的熱能籠罩，這股熾熱又馬上被在建築原本所在地上方生成的厚重蘑菇雲取代。

現在是緊要關頭：炸彈命中了預想目標，但我有沒有誤殺或重傷友軍？我在危險距離內投下炸彈，讓部隊成員的性命陷入危險。我相信值得冒這個風險，但在只花三十秒就做出決斷的情形下，我有沒有忽略什麼事？

如果有，我將終生懷抱遺憾，知道自己曾誤殺或重傷友軍。我會不會被禁飛，甚至受到軍法審判？諸多負面思想在腦海裡成形，使我無法專注於現況。我再度進行心智訓練，順利驅出那些念頭——目前我還能影響戰場情勢，必須專心考慮下一個決定。

漫長的十秒鐘過去了，目標上空的煙霧稍微消散，使我能看到下方情況——只有滿地瓦礫和飛舞的垃圾。我正打算按下發話鍵詢問部隊狀態時，管制員先向我回報了。「射得好！射得好！我們全都沒事！」我從背景聽到有人在高喊「我的老天」，還有其他幾聲叫嚷。

該建築群是敵軍的主要據點，如今它已被摧毀，許多殘存的武裝分子撤回河岸附近的高草叢與樹林間。直到這時，我的僚機才從空中加油機補充完燃料，返回現場。我快速向他說明現況，更新他的狀態意識，接著前往空中加油機。

太陽逐漸西沉，許多超過兩萬英尺的山峰，在山谷裡投射出一道道長影。飛行途中，我聯絡總部並獲得新資訊——陸軍已核准一波大型火箭彈打擊，在三十分鐘後發動。如今天色漸暗，我脫下頭盔，解開AR眼鏡並換上夜視護目鏡。駕駛艙外的環境一片荒涼，我在山峰上空只有幾千英尺，可以看到雪在光禿禿的山上被風勢吹得四散。

在與空中加油機會合並補充燃料後，天色已經暗下來了。透過夜視護目鏡觀看，視野內所有東西都變成綠色與黑色的陰影。雖然太陽已完全落下，我仍然可以在天際線看到餘暉的淡綠色光芒。

幾分鐘後，我與僚機會合，重新加入戰鬥。武裝分子正在穿過灌木叢，試圖夾擊友軍。總部透過衛星通訊聯繫，指示我保持在較寬的飛行軌道，因為火箭彈即將齊射此地，他們希望確保不會誤擊我們，這倒是個令人欣然接受的提醒。

三十秒後，火箭彈開始從賈拉拉巴德空軍基地（Jalalabad air base，也被稱為J-Bad）發射，雖然基地位在數十英里外，當火箭彈發射時，我的夜視護目鏡仍被一片亮綠色淹沒，我看見一個個綠色圓點高高飛進大氣層。一般來說，每次只會發射一或兩枚火箭彈，但我數到超過十二枚接連發射。當最後一枚火箭彈的動力燃燒殆盡，彈頭以弧線移動到我們正上空超過十萬英尺處，周遭陷入一片詭異的平靜。

幾分鐘後，我看見彈頭飛過我與僚機之間——它們的移動速度快到像是一長條光帶。它們開始以方格間距，擊中敵人藏身的區域，每一枚跟前一枚相隔幾百英尺。陸軍因為不清楚伊斯蘭國武裝分子精確位置，於是決定摧毀整片區域。幾秒鐘後，那裡遍地冒煙悶燒，還有幾處小火。接下來的一個小時，我與僚機留在現場，守護部隊返回前線作戰基地。

心智訓練——美國空軍的致勝關鍵

當我們開發提升戰鬥機飛行員心理韌性的訓練時，我在戰鬥中獲取的經驗，促進了具體內容成形。如今中將批准此案並撥下經費，我們難得有機會，可以把這項訓練擴展到整個基地實踐。

不過，這件事涉及的利害關係遠不止於此——我們的基地是被用來試驗，假使訓練計畫成效良好，將會推廣到美國空軍所有飛行員訓練基地施行。這代表每名新進飛行員打從一開始，就會被授予管理情緒的指導與工具，讓他們能在駕駛艙內外，都保持頂尖的心智表現。

當教官在開發這項計畫時，我們希望給予飛行員的工具，要能用於各式各樣的經驗。雖然這些工具在飛行員制定攸關生死的決策時非常重要，但我們希望在日常生活的經驗裡也派得上用場。不管在領導、演講或接受回饋時，我們都希望他們能順利調整心態，維持最佳表現。也期待他們能在工作以外的事情運用這些技巧。

表現優異，並不是某種可以自由開關的事，飛行員若想在駕駛艙內如魚得水，必須在個人生活中也蓬勃發展。軍旅生活常有許多額外的壓力。一般來說，戰鬥機飛行員有超過一半的時間不在駐地，又被要求每三年轉移到新基地。他們時常受命派遣到生活嚴峻、位於地球另一側的地點，而且不見得會提前通知。我們希望給予飛行員調節情緒的工具，能讓他們為自己與家人做出最好的決定。

在接下來一年之中，我們首創出一套訓練計畫，所有學習駕駛F-16或F-35

的新進飛行員，都會在訓練過程中接受這項訓練。不像先前世代的學員被要求自行找出養成心理韌性的方法——這是自生自滅的心態——**我們把心理韌性視為一種可以學習與提升的技巧**。

雖然有些飛行員，本來就比其他人擅長控制情緒，但每個人都有能力做得更好。從學員抵達基地的第一天開始，他們在學習駕駛飛機的同時，也會鍛鍊體能與心智。這項計畫的強處在於，它結合了從航空史初期累積至今的戰鬥機駕駛員智慧，以及現代的認知表現研究，成就出一套混合方法，使我們能辨識出相疊的概念，並對哪種原則有效更具信心。而這份正式的教學大綱，便能確保所有學員都接受必要訓練。整體來說，它由以下關鍵元素組成：

1. 第一個概念是，**你的表現並不會因為期待就提升到相應水準，而是根據準備程度來決定**。

光是了解心理韌性的概念還不夠，你需要不斷練習，讓它成為下意識的反應。隨著內外壓力增加，你會容易陷入情緒，失去依照邏輯做決定的能力。這就是一戴上飛行頭盔，智商就下降二十的原因。

同樣的道理，也發生在群眾面前發言、接受工作面試，或是任何壓力沉重的場面。唯有在練習一個技能數千次之後，才能在最關鍵的時刻仰賴它發揮作用。

儘管心理韌性是表現優異的重要層面，它無法取代原本就應學習的技能。當你飛行、演講或參加運動比賽時，再多的心理韌性訓練，也無法彌補你在執行面缺乏的準備。訓練應該反覆進行，直到許多技能和決策變為慣常之舉。

對飛行學員來說，這代表使用模擬機反覆練習相同的機動操作，直到它們深深刻進自己的心智框架裡。然後我們會增加難度，並在空中實際操練這些機動，讓學員在體能上承受高G力的壓力，以及在心理上承受氣候不良、航空交通、機件故障和其他意外事件的壓力。

最後，我們會把這些機動整合成大型演習，數十架其他飛機與飛行員，都指望學員能夠順利完成機動。在訓練結束時，學員已經一再練習那些機動，以至於能不假思索的操作——就算面臨高壓情境，他們也能仰賴反覆操作的經驗獲得自信，知道自己能順利完成指定任務。

2. 下一個概念，是**聚焦式訓練**（focus-based training）。

我們的大腦非常強大，但它把許多能量浪費在思考已經發生的事情，或是擔心我們無法控制的未來事件。讓心智資源最大化的關鍵，在於**只專注於能掌控的事情，也就是我們要做出的下一個決定**。

不管執行的水準再好，錯誤難免會發生。與其把認知頻寬花在沉溺於舊錯，更重要的是放下那種思緒，重新專注於現況。你若要分析錯誤，也該是在執行階段結束、簡報時分析。

在執行時思考舊錯，會占據注意力，我們更值得去關注能掌控的事。同樣的道理，也適用於思考太遙遠的未來，那會讓你分心，導致無法聚焦於正在發生的事。當你還在第十五步時，擔心第八百五十七步只會是一種干擾。太多事可能出錯，其中多數無法掌控，所以你的能量與時間最好聚焦於下一個決定，同時為事態轉變保持彈性。

儘管控制思緒聚焦並非易事，它跟任何技能一樣，多加練習便會越來越輕鬆。雖然我們的目標，是讓飛行員在極端狀況下能運用這項訓練，我們卻是從光譜的另一端開始練習——單獨在安靜的房間裡，使用一套名為聚焦式訓練的冥想法。

新進飛行員會收到一份類似體能鍛鍊計畫的訓練方案。起初，他們只需要閉上眼睛幾分鐘，意識到持續經過腦海的思緒流。他們唯一的目標，是客觀的觀察思緒，不要執著於任何念頭。當他們失去專注時，只需要單純回到客觀狀況就好。

久而久之，隨著每一段訓練的時間會慢慢增加，要專注的焦點也會改變。我們發現為期三十分鐘的訓練，被證明是權衡學員的忙碌行程，與持續提升後續成效的最佳時長。

一旦飛行員能熟練的在安靜房間內聚焦思緒，我們便會在他們鍛鍊體能時導入這項訓練的元素，以增加複雜性和體能上的壓力。最終會進展到，在模擬機內和實際飛行時進行這項訓練。

3. 最重要的其中一項技能，是學習如何**在壓力大的情況下，鎮靜身體與心智**。

即使在平穩筆直飛行時，飛行員的心率也時常超過每分鐘一百下，而在面臨劇烈壓力期間，或承受巨大G力時，心率達到每分鐘一百八十下以上也不少見，相當於全速奔跑時的心率。

在這種心率下，精細動作技能（fine motor skill）會快速惡化，而那是駕駛戰鬥機的關鍵能力——就算只有輕微移動操縱桿，也會突然改變飛機的方向，若在空中纏鬥或補給燃料時發生這種狀況，有可能導致悲劇性的下場。

鎮靜身體與心智的最佳做法，是**專心呼吸**。

呼吸是少數能有意識控制，也能無意識進行的身體機能。我們不經思索就能呼吸，但與許多全自動機能（例如消化）不同，我們也能有意識的接管並控制呼吸。

當我們體驗到恐懼與壓力時，身體會轉移到戰或逃模式，呼吸變得淺而急促。不過，我們可以透過刻意減緩並加深呼吸的方式，來反制那種效應。這麼做能啟動副交感神經系統，使身體回復到較為放鬆的狀態，並讓新皮質取回決策的掌控權。

在情緒激動的狀態下，有可能難以意識到自己的呼吸速率。我們對時間的知覺常會扭曲，不容易估計過了多久時間。為了幫助學員評估自己的呼吸速率，我們會要求他們默默在呼吸時計數。

在一次訓練中，學員會練習名為「盒式呼吸法」（box breathing）的技巧：吸氣五秒鐘、憋氣五秒鐘、吐氣五秒鐘、憋氣五秒鐘，然後反覆進行五分鐘。另一種變形被稱為「三角呼吸法」（triangle breathing），是吸氣五秒鐘、吐氣五秒鐘、憋氣五秒鐘，然後反覆進行。

雖然還有許多不同的技巧，最終還是取決於個人喜好，以及契合身體對氧氣的需求。當你在奔跑、游泳或空中纏鬥時，身體所需要的氧氣供應，遠大於你活動不劇烈的時候。關鍵並不在於遵照特定的呼吸模式，而是學會怎麼緩和與加深呼吸，使你的心智能盡快回到最佳狀態。

盡量用鼻子呼吸也很重要，因為鼻子比嘴巴更能優化吸入空氣的溫度、溼度、數量與循環。讓學員在靜態環境練習聚焦式呼吸後，我們接下來將把它合併至體能鍛鍊，使他們能把學過的技巧用在更動態的環境，並作為在安靜房間練習，以及在飛行時運用之間的銜接。

4. 我們涵蓋的下一個概念是，系統化的**建立自信**。

當你坐在一具能製造四萬磅推力的引擎上方，而且戰場上有數百人指望你表現優異時，你肯定需要自信。如果沒自信做出明智抉擇，便可能會讓自己與其他人陷入危險。

過去曾認為，一個人要不有自信，要不沒自信，而沒自信的人將會被快速淘汰。但**自信其實是一種可以改進的技能**，主要透過我們的內在對話——**學習如何跟自己溝通**。

許多學員崇尚完美主義，這種人追求表現優異，為了成功而對自己施加不必要的壓力。它會跟決策過程產生的壓力一同累積，常常導致他們在執行已知做法的任務時失敗。飛行員訓練中的激烈競爭，加上在戰鬥機訓練時，對學員的高標準要求，使許多人對自身能力產生懷疑，並在最關鍵的時刻失敗。

許多學員會自我責備，並有著負面的內在對話。儘管這可以成為強大的激勵因素，但也會製造自我懷疑，成為制定高風險決策的阻礙。

解決辦法是，結合聚焦訓練，與一種名為「重新建構」（reframing）的技巧。學員一旦注意到削弱自信的思緒浮現，就必須辨識它，並以他們過去曾經歷的相反案例來取代。

這件事情，說來容易做來難，必須不斷練習直到變成習慣。我們起初慢慢進行，每天只花幾分鐘時間專門練習這個技巧，之後再結合至體能鍛鍊、模擬機課程，最終則是實際飛行。

5. 我們也會實行一種名為**「座椅飛行」**（chair flying）的視覺化訓練。這個技巧的起源，可追溯自二戰期間的飛行員，不過我們也根據現代的神經科學略加修改。

   學員會閉上眼睛，在腦海裡排演一趟飛行，同時盡可能結合各種感官。這麼做，能讓他們練習已經學過的概念，狀況跟他們在真正飛行時會運用的各種概念一模一樣。

它不只是加強準備的優良工具，我們也用它來建立學員自信。座椅飛行時，學員會視覺化他們成功完成每項機動操作的模樣，即使自我懷疑悄悄浮現，或是自覺發生錯誤，學員只需要單純重複機動或程序，直到能成功在腦海裡完成為止。

在這一年中，我們追蹤學員表現相對於歷史數據的差異，發現**在把調節情緒視為一種技能之後，可以大幅改善其效益**，每個人都有能力變得更好。調節情緒迅速成為戰鬥機飛行員若想表現優異，必須的諸多面向其中之一。

整體來說，退訓率降低了，頂尖學員的進展仍然良好，但中等與中下的學員表現明顯提升。教官也察覺到當學員犯錯時，比較不會發生滾雪球效應，他們能夠保持專注，即使受挫也能維持飛行。

這樣的成果足夠顯著，於是**心智訓練**，便成為**美國空軍所有飛行員訓練基地固定實施的課程**。學員如今會立刻接觸這些技巧，當他們開始駕駛戰鬥機時，已經在心理韌性方面有了基礎，並能進一步改善。

這項訓練非常有效，國防部內各領域的人士——從在前線奮鬥的戰士，到沒有受傷之虞的支援人員——都開始實踐這些技巧，以求維持頂尖的心智表現。

第七章

你不可能獨自做完所有事

艾森豪將軍的名言：「重要的事很少緊急，緊急的事很少重要。」身為領導者，你必須把任務轉給同僚，專心處理只有你能做的事。

二〇一六年十一月十二日，名叫艾哈邁德・納耶布（Ahmad Nayeb）的男子，刻意不搭上清晨駛離巴格蘭空軍基地的巴士，而是走下黎明前昏暗的道路，路上每幾百英尺，就有一輛柴油引擎照明燈車照亮四周。

納耶布是阿富汗在地人，他被巴格蘭空軍基地僱為民間承包商，這個基地是阿富汗境內最大的國際基地。儘管美軍撤離到少於八千五百名士兵留在該國，巴格蘭基地仍僱用上萬名民間人士來強化補給能力。

與其說巴格蘭是軍事基地，它更適合被描述為裝甲都市。過去十五年持續湧入的補給，讓這個基地充斥著雜亂的建築與車頂帳，外側則以高聳入天的混凝土灰牆圍住，保護內部住民抵抗每日來襲的迫擊砲彈。

白天時，這些道路會塞滿巴士、卡車和建築機械，大型裝甲車則在其間穿行。美軍以外的人士，多半不是美國出身，而是來自其他國家，例如印度、烏干達、烏克蘭、吉爾吉斯和尼泊爾，或是周遭阿富汗鄉間的本地人。

納耶布自承曾經加入塔利班，不過在接受一項重返社會計畫——宗旨是「透過高尚的方式來放棄暴力，在生活中遵循阿富汗的法律」——之後，目前他被福陸集團（Fluor Corporation）的轉包商僱用。福陸集團是美國最大的工程與建築公司，曾經低調的負責眾多重大工程，例如伊拉克重建、卡崔娜颶風災後復原，與阿拉斯加輸油管系統（Trans-Alaska Pipeline System）等。

接下來的五年時間，納耶布起初在停車場負責初階維護，後來轉調至負責處理危險物質的區域，他是那裡唯一的夜班員工。奇怪的是，納耶布沒有直屬主管——根據他當天的工作內容，偶爾會有人過來監督，接著就讓他自由行事。

他從來沒有正式受到輔導或懲戒，但好幾次被人抓到在睡覺，還會不見人影幾個小時。另一名員工後來說：「納耶布沒待在工作區域，是很正常的事。」

納耶布負責處理危險物質，工作過程中不需要，也未被授權借出工具。不過在前幾個月，他成功申請借出三用電表九次，這種工具可以用來測量電壓、電流與電阻。當一名監工質問納耶布，為何反覆使用未被授權的工具時，他回答其中一次是在維修無線電，另一次則是維修理髮器。

但事實上，納耶布正在打造一件自爆背心，而停車場是絕佳的製作地點——他幾乎能取得所需的一切，包括電線、啟動開關和工具，以及最重要的一項：不受監管的時間。唯一無法取得的物品是炸藥，但他在每天進入基地時，夾帶一點炸藥藏在菸草袋的祕密夾層，慢慢累積到足夠分量。

十一月十二日早上，納耶布最後一次離開停車場。理論上，應該還有最後一道系統，能偵測到他沒有依照規定出現——納耶布預定搭乘早上四點四十五分的巴士，從基地的大門離開。

巴格蘭基地規定，所有阿富汗在地人不得單獨行動，而且必須一直待在主管看得見的地方，但福陸集團的監工幾乎每週都會換人，導致他們仰賴員工自行填寫表單來追究責任。由於在地員工常常沒有搭上巴士，有時還需要加開一班車來載走那些脫隊的人。

納耶布並非平白無故選擇十一月十二日這一天。一般來說，巴格蘭基地內的活動晝夜無休，不管是晚上或週末，都不會打斷這些活動的節奏。不過，一整年當中有幾個特定假日，基地高層會為了激勵部隊士氣，而特准舉辦小型聚會。十一月十二日正是其中之一，當天是退伍軍人紀念日，人們已經安排在早上六點十五分、旭日初升的時間，舉辦五公里長跑比賽作為慶祝。

接下來的五十三分鐘，納耶布單獨走在名為「迪士尼大道」（Disney Drive）的主幹道，往基地總部前進。在黎明前涼爽的天氣中，幾百人已經聚集了起來，大家穿上各自部隊的標準訓練制服，期待著稍後舉辦的比賽。

納耶布默默走過外圍人群。距離集合地點三百英尺處，二十歲的陸軍特技兵溫斯頓・漢司利（Winston Hencely）注意到納耶布，認為對方跟現場格格不入。漢司利幾度要求納耶布停下腳步，但對方充耳不聞，反而加快腳步、推擠進入人群。漢司利衝了上去，抓住納耶布的肩膀，這才發現，納耶布在長袍底下穿著厚重的自爆背心。漢司利還沒來得及高聲示警，納耶布就已經按下雷管，引爆背心，炸出數百個螺帽和螺釘撕裂人群。

我的軍營在跑道的另一側。前一晚我出擊執行任務，爆炸發生時我剛就寢。起初我不以為意——巴格蘭就像現代的西部荒野，隨時都在發射飛彈、承受迫擊砲火，或是基地的機砲射向空中。走出軍營時，看到基地某處因不明原因冒出濃厚黑煙，也不算太稀奇的事。基地裡有太多活動，加上我們很忙碌，久而久之便視為理所當然——沒影響到你，就不必操心。

有鑑於此，於是我繼續睡覺。但一會兒之後，我聽見基地的擴音器發出騎兵衝鋒的號角聲，這是基地遭受攻擊的信號。我下床時正好有另一位飛行員走進來，告訴我基地受到內部攻擊，造成數人死亡、幾十人受傷。他已經跟我們的高層聯絡過，下令要我回去睡覺，等基地準備好飛航管制，預定在下午駕駛F-16出擊。

在聽到基地遭受攻擊、造成多人傷亡後，讓人很難重返夢鄉。不過空軍多年以來做過許多研究，分析飛行員的表現，跟睡眠時間與品質間的關係，並發現睡眠是影響飛行準備最重要的因素之一。於是我或多或少睡了一陣子，不過我主要是在休息時，想著下午會面對什麼狀況。雖然飛行員都有配發俗稱「助睡丸」的安眠藥，我希望自己能足夠警醒，以防軍營遭到直接攻擊時，能起身抵禦。

幾小時後，我起床並望向窗外，對基地的轉變非常震驚。幾小時前，巴士、卡車、行人和裝甲車，全在基地內狹窄的泥土路上爭搶車道，但如今我的視野內一個人也沒有。一切活動都停止了，所有飛機（包括我們中隊的F–16）都停飛，讓這座基地好幾年來第一次安靜了下來。

在自爆攻擊發生後的幾小時，令人應接不暇的大量資訊開始湧入。據外圍守衛回報，基地上空出現無人飛機，更多疑似土製炸彈的裝置被發現，另有可疑群眾聚集在基地周遭的門禁管制站。另有報告指出，發生輕兵器交火和其他未確認的爆炸。巴格蘭似乎正在遭受大規模且複雜的襲擊，所以高層決定，我們中隊必須駕駛F–16保衛基地。我被告知要在傍晚率領兩架F–16出擊，是自爆攻擊後第一批起飛的飛機。

基地目前處於最高警戒狀態，代表所有人的行動都被限制在室內，不得隨意外出，同時要隨身攜帶槍械。走到室外的人必須「全副武裝」，意思是除了攜帶武器，還要穿上加入陶瓷抗彈板的防彈背心，以及克維拉防彈頭盔。為了抵禦化學武器攻擊，我們還會把防毒面具繫在腰上以便快速取用。

出擊時間漸漸逼近，我與僚機飛行員穿好厚重的裝備，在軍營尾部會合，然後默默走向我們位在飛機保養場的指揮所。太陽正在西沉，勁風掃過礫石路，吹起滑石粉般的煙塵，讓暮色帶著一抹暗紅。

前一晚還有著幾千人在開車或行走的城市，如今已是一座空城。路上甚至連警備人員也不見蹤影，後來我們才知道，許多警備人員認為自己在自爆攻擊的混亂情勢中可有可無，於是選擇待在有掩蔽的室內。

進入指揮所後，我與僚機飛行員聆聽情資簡報，深入理解這場襲擊的全貌，以及敵人的意圖。我們得知在敵人可能採取的行動中，最致命的將是使用車輛裝載土製炸藥衝入基地，而我們的任務，則是不惜代價加以阻止。

由於目前面臨的安全威脅，後來在我對僚機飛行員進行任務簡報時，我指示他，假使我們之中有人因為故障而中斷起飛時，另一人必須繼續起飛，不用理會小組行動的標準程序——為了保衛基地，我們將承受額外的風險。

接著我們穿上飛行裝，包括把人綁在彈射座椅裡的束帶、抗G服、救生背心與手槍。由於基地處於高度警戒狀態，加上要防備區域內的敵軍狙擊手，於是我們又穿上防彈背心與頭盔，讓裝備總重量超過二十二公斤。

我們走出戒備森嚴的建築，穿過夜色邁向停機坪時，晚間的冷風迎面襲來，把我們的臉吹得發麻。F-16進入視野，上方的投光燈讓機體沐浴在白色螢光之中。一般來說，起飛之前通常會有幾十名地勤人員在現場維護飛機，但這一次，舉目所及空無一人。停機坪一片寂靜，只聽得見警示燈發出的電子蜂鳴聲。

走向我的飛機時，我看到一名外觀像是青少年的地勤組長，孤身站在飛機旁邊。他的體型瘦小，身上穿的防彈背心和頭盔都太大了。他手裡拿著M16步槍，在看到我走來時改把槍扛在肩上，以便雙方敬禮和握手。我問他大家去哪了，他說其他人被命令待在室內，只有他自己留在這裡，等了半個小時。

以職業類型來說，地勤是空軍裡工作最努力的人員之一。戰鬥機每飛行一小時，都需要超過十幾個小時的維護。他們徹夜無休，四肢並用的爬進引擎進氣管檢修，確保飛機能正常飛行。一名青少年地勤組長獨自站在寒冷的夜裡，正是彰顯他們心態的最佳範例。

在繞著飛機走一圈確認後，我爬上階梯、坐進駕駛艙。我跟地勤組長握了最後一次手，然後開始啟動航電設備。我向他示意我即將發動引擎，接著撥動開關，讓噴射燃油啟動器運轉。壓縮空氣緩緩轉動引擎，我把駕駛艙罩拉下來，繼續啟動引擎與任務系統。就在這時，我從眼角餘光瞥到有個大型物體在移動。

幾秒鐘後，我意識到那是一輛加速駛向我的油罐車，但它不是美國製品——基地內使用的油罐車，都是標準的橄欖綠塗裝，但這一輛是淺黃色，而且沾滿了塵土。它的車速比一般情況都來得快，而且正繞過路障朝我們疾駛。它經過另一架F-16停放處的護牆時，我看出它的避震器負重頗大。隨著它越來越近，我認出在它鏽蝕擋泥板上方的車身一側，有著大大的外文字樣。

車載式大型土製炸藥是美軍在阿富汗的最大威脅，巨大的爆炸幾乎可以撕裂所有防禦工事。如果我們確信自己發現這類威脅，甚至無需許可便能逕行攻擊，徹底授權我們摧毀它，不管會造成多少附帶損傷。

兩個月前，有一輛這種炸藥在巴格蘭基地南方的阿富汗首都喀布爾引爆，當現場應急人員抵達時，又有第二輛爆炸，大幅增加了死亡人數。僅僅兩天前，在另一場恐怖襲擊中，位於馬扎里沙里夫的德國領事館，也遭到裝滿炸藥的卡車衝撞，造成超過一百二十人傷亡，建築也嚴重損毀。

我們中隊的十二架F–16，是阿富汗境內所有的戰鬥機戰力。中隊成員已經聽過多次簡報，並理解我們被塔利班視為戰略目標，必須對破壞行動，或其他企圖摧毀我軍飛機的狀況提高警覺。這輛衝向我的油罐車，完全符合以上描述。

在我的職涯中，只有少數幾次，我認為自己有可能陣亡。那通常是在好幾架飛機以接近超音速交會而過時，一種近乎本能的反應，多半只持續幾秒鐘。那時你腦海裡的背景思緒會完全消失，心智專注於尋找解決問題的最佳方法。不過在這個案例裡，時間相當充裕。它不是基於本能反應的決策，而是有條有理的決策——我明白，即使存在不確定性，我需要果斷行動。

大君主作戰，史上最大的入侵行動

從倫敦往南行駛一個半小時，有一棟能眺望樸茨茅斯港（Portsmouth Harbour）的大宅座落於英國鄉間。它是索思威克莊園（Southwick House），周遭有綠樹與農田環繞，如今看似低調的民宿旅店。儘管它現在就像靜謐的博物館，幾十年前，這裡曾是史上最偉大作戰之一的中樞。

這座莊園現在的模樣，幾乎跟它當年作為二戰轉捩點時一模一樣。莊園中間是地圖室，諾曼第登陸的最後階段，便是在這裡策劃。如今這裡空無一人，但牆上掛著畫作，呈現它在一九四四年夏季的模樣。由於這個房間是當時全世界最機密的地點之一，這幅由親身經歷者繪製的畫作，是唯一能重現此地當年模樣的視覺參考。

畫作中，數十名穿著制服的男女聚在房裡，所有人的表情既疲憊又緊繃。每面牆上掛滿了地圖，桌子也被推在一起，充當應急用的戰情室。正面是一張描繪英吉利海峽的大型彩色地圖，一名男士正站在階梯上移動木製的船艦圖樣。這項作戰保密到極致，連製作這張地圖都成為一場挑戰。

彼時，納粹德國知道盟軍即將入侵，早已建立間諜網來刺探登陸作戰的細節。盟軍由於缺乏時間與人力製作兩層樓高的地圖，於是僱用了一家玩具製造公司負責。雖然這家公司值得信賴，但它的員工並未獲准接觸最高機密資訊。為了避免洩漏確切的登錄地點，實際委託的業務，是製作整個歐洲大陸的地圖，尺寸足有一棟大型建築那麼大。

這張地圖後來被切割成塊運送，並安排木匠隨行準備組裝，但當他們抵達時，卻被要求只掛上描繪諾曼第海岸線的那塊地圖，其他部分則拿去焚毀。如今這些木匠知道了登陸地點，於是被暫時軟禁，他們的家人則會收到電報，說明短期內不會收到他們的消息。

一九四四年六月上旬，就在預定登陸日的前幾天，盟軍最高總司令德懷特·艾森豪（Dwight D. Eisenhower）將軍，把他的總部搬到了索思威克莊園。這場入侵的代號是「大君主作戰」（Operation Overlord），將是史上最大規模的入侵。

這場作戰相關的數字非常浩大——一千兩百架飛機、五千艘船艦，與超過十六萬人的部隊，將在一天之內橫越英吉利海峽，從諾曼第海灘登陸並驅逐納粹。預計在八月底時，將有超過兩百萬盟軍部隊跨海進入法國。

幾天之後將要發動的襲擊，是經過三年以上的嚴密策劃累積而成。盟軍部隊由十三個國家組成，主力來自美國、英國與加拿大。總計花費超過兩年時間，才能製造、運送與累積到剛好足夠的補給來執行這項作戰——每名士兵需要十噸的補給，他們出發後每個月還要額外增加一噸。

為了隱藏確切的登陸地點，盟軍發動了龐大的行動來誤導德軍，包括假的無線電通訊、虛設軍團和充氣式假軍備。連巴頓將軍（George Patton, Jr.）——他或許是德軍最畏懼的軍事領導人——也掛名領導一支假的營部隊，讓盟軍將於北方幾百英里處加萊海峽（Pas de Calais）登陸的觀點更為可信。

為了進一步混淆德軍，知名防諜機構軍情五處（MI5）利用一名雙面間諜打造虛假的間諜網絡，成功欺騙德國情報官，導致在諾曼第登陸之後的好幾個月，德軍仍保留兩支裝甲師與十五支步兵師，以防備他們預期中「真正」的入侵。

為了諾曼第登陸而做的訓練和操演，可說是史無前例。美軍以實彈演練，模擬登陸猶他海灘（Utah Beach）的情境時，整個城鎮都因為這個為期一週的演習而被下令撤離，參加人員包括三萬名士兵與長達三英里的艦隊。

在第一場演習戰當中，遭受友軍誤擊而死的人數，高達驚人的四百五十名，但由於登陸演訓被認為非常關鍵，於是演習繼續進行。隔天，幾艘登陸艦遭受德軍魚雷艇攻擊，又死了七百四十九名士兵。在這場事故發生後，諾曼第登陸幾乎要被中止——不是因為陣亡人數過多，而是謠傳德軍魚雷艇從海裡抓走了俘虜審問。

失蹤的軍官中，有幾名是持有處理超絕密等級「英國入侵德國占領區」（BIGOT）情報資格的人員，這有可能危害到這場入侵。接下來的四十八小時，海軍潛水員仔細探察海床，直到尋獲所有軍官的遺體。參與這次搜索的所有人都宣誓保密，活動細節封存了近四十年。

在艾森豪與幕僚來到索思威克莊園就位之後，整個英格蘭南部，如今就像一座巨大的軍營，幾百萬士兵被鐵絲網或武裝守衛隔離，切斷與國內其他人的聯繫，防止他們擅離職守並洩漏機密資訊。艾森豪曾這樣描述：「（這就像）一個巨大的人類彈簧，收縮著等待能量應當釋放的時刻，它將會躍過英吉利海峽，發動有史以來最偉大的兩棲攻擊。」

大多數策劃已經完成，入侵時間暫定為六月五日的凌晨，但要由艾森豪決定是否行動。因為空軍部隊需要月光，加上登陸必須在退潮時執行，盟軍頂多把作戰延到六月七日，否則至少就要再等兩週，才能滿足必要狀態。但時間拖得那麼久，將引發一年以上的級聯效應[1]（cascading effect），有可能危及盟軍戰役。

艾森豪起初判斷，這項作戰最重要的變數，在於英國難以預測的天氣。五月的天氣良好，但六月的天氣向來不穩定，而且時常迅速變化。讓士兵下船攻擊有人把守的海灘，對後勤是嚴厲的挑戰，需要滿足各種理想狀態。

低空雲層會使傘兵與滑翔機無法降落在指定區域，也會讓盟軍戰鬥機無法執行密接空中支援，惡劣的海象，則代表許多登陸艇還沒搶灘就會沉沒。即使第一波攻勢順利達成，後續也需要至少三天的好天氣，才能為登陸部隊補給，抵擋預期將前來反攻的德軍。

此外，為了快速卸載軍需貨櫃，盟軍已經製造兩個巨大的人造港，需要拖運到定位。這種港口由超過四百個拖曳元件組成，總重超過二十艘現代的超級航空母艦。需要滿足各種理想狀態，才能把人造港拖過海峽並順利組裝。

艾森豪麾下的氣象小組雲集各界專家，包括英國與美國軍方，以及美國國家氣象局。小組由英國皇家空軍的詹姆士·斯泰格（James Stagg）上校率領，他是經驗豐富的氣象學家，曾經帶隊到北極探險，並擔任過倫敦知名的喬城天文臺（Kew Observatory）總監，後來被任命為大君主作戰的天氣主任。

盟軍努力蒐集這次作戰的氣象數據——多個中隊的「哈利法克斯」（Halifax）轟炸機卸除武裝，在大西洋上空飛行數百英里，然後用無線電傳回氣溫與氣壓活

1 編按：因一項事件影響系統，而導致一系列意外事件發生的效應。

動。這項長達十小時的任務不分晝夜，即使天候不佳也照常起飛。為了輔助艾森豪做出決定，已經有數十名機組員，在嘗試理解氣象活動的過程中喪生。

當預定入侵時間只剩七十二個小時，艾森豪開始每天在索思威克莊園的圖書室舉行兩次氣象簡報，那是個能俯瞰庭院的米色大房間。目前獲得的資料讓人難以下定論——有個高氣壓系統正從愛爾蘭往南移動，使得大西洋上方呈現低氣壓，這通常是天氣不佳的徵兆，但目前天氣晴朗、海象穩定。氣象小組開始爭論，艾森豪的少將作戰主任只好介入，他說：「斯泰格，看在上帝的份上，在你明天早上參加最高總司令會議之前，把事情搞清楚。」

雖然大君主作戰是史上最大的入侵行動，但還有更大的地緣政治勢力正在運作。大約六個月前，這場戰爭中關鍵的三位盟軍領袖——富蘭克林．羅斯福（Franklin Roosevelt）、溫斯頓．邱吉爾（Winston Churchill）與約瑟夫．史達林（Joseph Stalin）——在伊朗密會。

俄羅斯人正在東方戰線進行嚴酷的消耗戰，史達林對羅斯福與邱吉爾越來越沒有耐心。到目前為止，德軍八〇％的傷亡是由蘇聯造成，但代價是驚人的兩千萬人死傷，以及蘇聯四〇％的國土淪為廢墟。蘇聯的指揮官總喜歡說，他們每天在吃早餐之前的傷亡人數，就比其他盟軍一個月的傷亡來得多。所以在密會之後，羅斯福同意史達林的要求，定下明確的入侵時間：一九四四年五月。

接下來的幾個月，由於第一波入侵規模擴大，使得入侵時間延到六月上旬。蘇聯對此很不滿意，因為他們也在策劃於東方戰線同步進攻。基於保密需求，蘇聯只被告知：暫定入侵時間是五月底，沒有獲得額外細節。蘇聯內部越來越懷疑，整個計畫是美國與英國的騙局，認為兩國完全不打算遵守協議。

盟軍這時也對計畫延遲感到憂心。國際情勢如今越來越明顯，一旦德國被擊敗，蘇聯將迅速成為敵方。一場橫掃法國並挺進德國的成功戰役，將能讓盟軍在戰後歐洲重建期間，享有大得多的影響力。

六月三日晚上，許多船艦已經在為攻擊做準備。部隊規模太大、計畫太複雜，因此遠在艾森豪做出決策之前就必須開始行動。當晚會議中，斯泰格說明了天氣狀況，並說：「我查看了四、五十年來，描繪一年中這個時間的天氣圖，在低氣壓的數量與強度方面，我完全沒找到任何一張天氣圖長得像今年這樣。」

不知何故，在仲夏時分出現了冬季的天氣模式。讓人更困惑的是，外頭的天氣目前非常完美。但斯泰格捍衛他的預測，表示天氣很快將會轉變，風速將超過每小時四十五英里，還會在一千英尺之下的低空出現雲層遮掩。

艾森豪在房裡踱步，徵詢三位高階指揮官的意見。他的海軍指揮官反對繼續執行計畫，表示雖然第一波攻擊有可能成功，但後續會無法運送補給，造成登陸部隊面對德軍反攻時陷入險境。空軍指揮官同樣反對，表示低空雲層將使飛行員看不見目標，無法分辨敵軍與友軍。只有陸軍指揮官希望繼續執行計畫。由於隔天早上的天氣有可能好轉，於是艾森豪下令所有人明天再次開會，到時做出最終決定。

隔天清晨四點半，青空無雲、風勢微弱，艾森豪詢問斯泰格是否修改預測。他回答：「沒有改變，長官。」接著說，儘管目前的天氣處於理想狀態，但雲層在幾小時內便會滾滾而來。

艾森豪的陸軍指揮官仍然主張繼續作戰，空軍指揮官則提議延後。海軍指揮官這時提醒大家，船艦已經出發，再過三十分鐘，就會抵達無法返航的地點。艾森豪思考了幾分鐘，然後說：「相較於敵軍，我軍並沒有壓倒性的強勢，我們需要制空權能帶來的一切支援。如果空軍無法行動，我們必須推遲作戰。有人反對嗎？」房裡無人反對，於是艾森豪正式延後入侵計畫。

指揮官們立刻離開房間，下令撤回各自的部隊。大多數船艦與登陸艇都接獲消息，返航至港口與海上的集結點。不過有一支由一百三十八艘船組成的大型艦隊沒有收到通知，繼續航向諾曼第。

無線電操作員焦急的聯絡對方，假使這支艦隊沒有立即轉向，將成為一場大災難——不只會喪失入侵的機密性，這些缺乏保護的船艦，也會變成德軍絕佳的獵物。但這支艦隊毫無回應，繼續航向海岸線。

最後，總部派遣一架英國海象式水上飛機（Walrus biplane）聯繫。飛行員多次盤旋，並嘗試與船艦通訊卻失敗，最後他孤注一擲，在紙上寫下指示船長推遲作戰的資訊，然後把紙條裝進水壺，空投到領航船隻的甲板。這支艦隊終於反轉航向，勉強迴避了一場危機。

當日上午稍晚時，斯泰格預測的雲層開始出現，把天空染成一片深灰。艾森豪走到室外，一手插在夾克口袋，另一手始終拿著點燃的香菸。天氣預測目前很不樂觀——天氣預期會明顯變壞，導致接下來幾天無法入侵。雖然有可能在六月八日或九日，發動高風險的日間登陸，但如果要等待理想的潮汐與月相，作戰必須再推遲兩週。

延期這麼久，將給予德軍更多時間強化海灘的防備，還能部署額外的祕密武器，例如可怕的V－1火箭飛彈。與此同時，幾十萬人的部隊將必須下船返回營地，不只會拖長緊張感且降低士氣，而且許多部隊已經知道計畫細節，對作戰的保密造成嚴重考驗。另外，俄羅斯人的問題及其級聯效應，也讓他苦惱不已。其他人後來描述，艾森豪「被擔憂壓得直不起身……彷彿他雙肩上的四顆星星，個個都有一噸重」。

當晚，艾森豪與指揮官在圖書室開會，外頭狂風吹嘯，大雨滂沱的打在窗上。但斯泰格帶來一個讓人意外的新發展——有一道目前在愛爾蘭西部的小型冷鋒，預測將在六日早上移動到諾曼第，有可能讓天氣好轉最多三十六個小時。海上仍會有波瀾，不過雲層有機會離開，讓空軍與海軍能進行轟炸。

指揮官們討論了手邊的選項。空軍指揮官沒有明確答覆，說這個決策存在風險，但有可能做到。海軍指揮官認為，登陸艇觸岸時會遇上麻煩，但不至於引發混亂；他還提醒大家，目前許多登陸艇的剩餘燃料有限，如果入侵再次中止，它們將需要返回港口補充燃料，過程耗時又複雜。陸軍指揮官說，他仍然贊成行動——德軍的氣象小組人員較少，預測較不準確，德軍有可能因此沒注意到天氣轉好的跡象而放鬆警戒，被打得措手不及。

接下來的幾分鐘，房裡一片寂靜。艾森豪考慮著各種可能，自言自語的說：「問題在於，能讓這項作戰繼續掛在樹梢多久[2]。」眾人仍然保持沉默，最後艾森豪說：「我很確定我們必須給出命令。我不喜歡這樣，但事情就是如此。」他暫時決定進行作戰，並在隔天一早做出最終決定。

一整個晚上，風暴越來越劇烈。艾森豪這樣描述：「隔天凌晨三點三十分，我們小小的營地搖擺震動，風勢大得像颶風來襲，相伴的雨水被吹得似乎水平移動。前往海軍總部那條一英里長的泥巴路，走起來一點也不讓人高興，因為在這種狀況下，似乎完全沒有理由來討論情勢。」

目前是六月五日早上，正是原訂的入侵日期。如果這項作戰沒有延後，船艦將橫越波濤洶湧的海洋，抵達諾曼第的海岸線。大部分的登陸艇已經傾覆並沉沒，導致數千人淹死。傘兵與滑翔機將因為風暴無法出動，使盟軍的側翼缺乏保護。空中支援將完全不存在。任何在六月五日嘗試登陸的行動，都會導致盟軍蒙受慘敗。

2 譯註：掛在樹梢太久，難免會掉到地面，此句引申的意義是，讓這項作戰處在危險境地。

指揮官們在凌晨四點之後抵達莊園，個個穿著長大衣，以抵擋橫飛的雨水。斯泰格在圖書室向這群悶悶不樂的長官做簡報，表示他的天氣預測並未改變太多。艾森豪後來寫道：「前景並不光明，因為我們有可能在前幾波成功登陸，後續卻發現無法增援，讓初始攻擊部隊陷入孤立，淪為德軍反攻時絕佳的餌食。」

一位指揮官這樣描述：「艾森豪從椅子上起身，在房裡慢慢踱步……他稍微低著頭，雙手在背後交握。他不時會停下腳步，猝然轉頭向現場其中一人快速提問……接著又繼續踱步。」

目前還有餘裕推遲這場入侵。盟軍把一切都賭在這項作戰，為此計畫三年、準備兩年，幾十萬條人命繫於一線。兩棲攻擊，代表搶灘的將士若不能攻下海灘，他們將無法有秩序的撤退，失敗的代價無比沉重。

此外，由於美國正同時在太平洋區域跟日軍作戰，有可能因此把支援撤離歐洲。繼續作戰的決定完全由艾森豪承擔，這一點後來讓許多德軍高層非常震驚，因為假使沒有事先徵詢希特勒的意見，他們絕對不敢做出這麼重大的抉擇。

風雨繼續擊打莊園，艾森豪坐上沙發，又考慮了幾分鐘。最後他說：「那麼，斯泰格，假如預測成真，我保證我們會在合適的時候辦一場慶典。」接著又說：

「好，我們行動。」就是這幾個字，讓這場入侵進入不可逆轉的階段——史上最大的入侵軍力已然啟動，很快將面臨考驗。指揮官們迅速離開房間，開始對下屬傳達艾森豪的決定。

在做出史上最重要的決策之一後，艾森豪把注意力集中在恢復心神。他當然還有許多業務等待處理，但他知道要不了多久，又會需要自己做決定。與其專注於沒那麼重要的業務，他擁抱不確定性，主動找尋方法避免自己工作。

開完會之後，艾森豪坐著吃早餐、喝咖啡。在簡短前往附近的港口，目送最後一批登艦的英國師級部隊之後，他回去跟助理玩西洋跳棋，和桌遊《獵犬與狐狸》（*Hound and Fox*）。他的助理這樣描述道：「……他連戰連勝，當你在這款遊戲裡當獵犬時，有個訣竅。我們還玩了一場西洋跳棋，當我用兩枚王棋，把他僅剩的一枚王棋逼到角落時，他卻跳吃了我一枚王棋，從敗局扳成平手。午餐時，我們漫談政壇的老故事，他在我的老朋友帕特．哈里森（Pat Harrison）還是年輕眾議員時，彼此就認識了……我們聊到了參議員、臭鼬與麝香貓。」

午餐後，艾森豪坐下寫了一張便條，後來被一位助理在廢紙簍發現：

我們在瑟堡—利哈佛（Cerbourg-Harve）區域的登陸作戰，未能取得令人滿意的據點，我已經撤回部隊。我根據當時擁有的最佳資訊，決定在這個時間與地點攻擊。地面部隊、空軍與海軍，已經做到勇氣與責任心所能成就的一切。如果要對這次嘗試加以批評或究責，由我一人承擔。

幸運的是，艾森豪永遠不必送出這張便條。作戰結果已被廣為記載——德軍沒有看出天氣即將好轉，完全措手不及。在二十四小時內，盟軍勉強站穩腳步，隨後逐漸擴張。後續幾個月，他們成功收復巴黎，並在一年內將德軍趕回本土，最後導致納粹政權的毀滅。

重要的事很少緊急，緊急的事很少重要

艾森豪能做出史上最棒的決定之一，很大一部分歸功於，他排定優先次序的能力。他時常說：「重要的事很少緊急，緊急的事很少重要。」有些任務確實緊急，如果不在某個時段內完成，良機便會消失。其他則是重要的任務，沒有正確完成的

代價很高。把任務根據它們的重要性與緊急程度拆解，讓艾森豪發展出一套簡單卻有效的框架，為他的時間與精力排定優先次序，使他能專心盡己所能，做出最佳決策。

這個技巧可以用一張圖來視覺化，以重要性為縱軸、緊急程度為橫軸，並形成四個象限。

時間配置

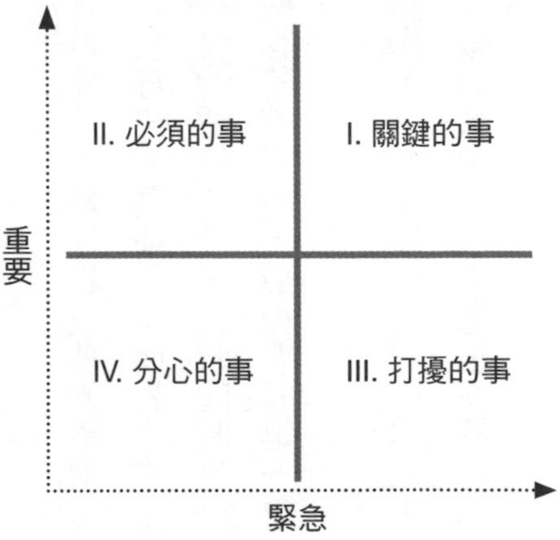

右上角的**第一象限是緊急且重要，這些是關鍵的待辦事項，必須立刻執行**。戰鬥機飛行員把它們稱為「近的石頭」（near rocks），意思是眼前有可能害死我們的事，這類決定攸關友軍、平民或我們自身的安全與福祉。

舉例來說，如果駕駛艙內充滿煙霧，阻止煙霧的優先次序勝過其他一切；當我們在規畫任務時，若要讓一架空中加油機在最後一刻離隊，便需要立即判斷是否有足夠燃料完成任務。

對軟體開發者來說，它可能是安全漏洞；而對醫師來說，它可能是病患心臟病發作。精力與資源，必須立即優先拿去處理這個狀況。不過，務必注意的是，決策與任務並不是平均分布在四個象限，如果妥善規畫，只有少部分的任務會落在第一象限。

左上角的**第二象限，是重要但不緊急的決策與任務，它們是必須完成的事項，但當前沒有截止時間**。戰鬥機飛行員把它們稱為「遠的石頭」（far rocks），意思是幾分鐘後會成為影響因素的事。

當我們在規畫任務時，它們是有可能形成阻礙，並危及整體任務成功的事項。對醫療院務管理主任來說，它是確保任職機構有必須資源來妥善運作；而對土木工程師來說，它是確保專案徹底安全。處理第二象限任務的關鍵在於，花時間制定一張藍圖，然後及早安排執行，讓它不至於在你交叉檢查時被漏掉，最後變成第一象限的任務。

當艾森豪抵達索思威克莊園時，他辨認出「發動作戰」是必須做出的最重大決定。由於其大多數的規畫已經完成，艾森豪對這項作戰的影響，幾乎完全在於選擇何時執行。

毋庸置疑，他在莊園時肯定還有眾多事項需要處理，但它們的重要性，完全無法跟在第一次嘗試中決定延遲入侵，以及後續在天氣好轉期間的第二次嘗試中決定發動作戰相比。

右下角的**第三象限，是緊急但不重要的任務**。這是艾森豪的系統開始大放異彩、展現智慧的地方。大多數人可以理解，並自然而然大致遵守第一和第四象限，但緊急的任務跟重要的任務，誰該優先？

邏輯上來說，重要的任務應該優先，但心理上來說，我們常會被吸引去完成緊急的任務。這被稱為「緊急效應」（urgency effect），也是為什麼我們常常深陷於電子郵件與工作閒聊，犧牲掉完成長期目標必須的深度工作與刻意練習。來自同僚的打擾與沒必要的線上會議，便是這種狀況。

遺憾的是，隨著我們的世界越來越數位化，這類問題只會變得更嚴重——電子郵件與其他通知的連環轟炸，為我們天生喜新厭舊、容易分心的大腦，提供了一臺不斷要求注意力的角子機[3]。再加上我們期盼感覺忙碌、有生產力的心態，讓人很容易陷入第三象限。

不過事實已經表明，假使在做出決斷之前，便把注意力聚焦於潛在結果的話，就能降低緊急效應。因此在開始執行任務之前，有必要先把它們分類到各個象限——**這個動作會強迫我們的大腦考慮長期影響，而不是如預設狀態那樣先應付緊急事項**。

針對第三象限的任務，艾森豪的解決方案是授權出去——如果事情必須完成，但不需要他的專門技能，他就會找其他人來處理。對許多人來說，這是最難學習的技能。

戰鬥機飛行員會擔當僚機職責好幾年，期間負責處理各項枯燥的業務，例如把任務檔案載入飛機、準備簡報室、隨傳隨到支援資深飛行員，最後才升級成率領其他幾架飛機的飛行領隊。

領導飛機編隊所需要的技能，跟擔任僚機時不同。由四架現代戰鬥機組成的飛行小隊，是足以改變戰鬥走向的戰略資源。飛行領隊需要理解全局，從更高階的觀點思考，並且跟編隊中的其他人溝通想法，使他們能實現你的願景。

不過在擔任多年僚機之後，許多新任飛行領隊會難以擺脫舊習，忙於處理那些他們熟悉但較不重要的任務。這會使他們無法看清全局，常常導致任務失敗。解決方案是，**理解你不可能獨自做完所有的事**，而身為飛行領隊，必須把任務轉移給僚機，才能解放認知頻寬，去**處理只有你能做的事情**（第二象限的事務）。

同樣的概念也適用於駕駛艙之外——我們的時間與精力有限，必須用於最重要的任務，才能達成長期目標。雖然許多人沒有團隊來幫忙處理第三象限的任務，科技越來越能補上這個缺口。每個持有智慧型手機的人，都已經能輕易使用行程安排軟體、自動化財務管理、以人工智慧排序與過濾電子郵件的功能。投資時間學習如何放大科技的效益，可以讓我們專注於真正重要的事。

第四象限，是由**不重要也不緊急的分心事項組成，是浪費時間的任務，應該完全捨棄**。如果它們並未以某種方式，為你的長期目標做出貢獻，而且你沒做也不會受到處罰的話，它們就不應該留在你的任務清單上。這邊的原則是：**最快速的程序就是完全沒有程序**。

第四象限的任務跟休閒不同，差異在於，休閒是由你想要做的事情組成，能夠讓你的心智與體能養精蓄銳。艾森豪在諾曼地登陸當天玩桌遊，可能會讓一些人感

3 編按：一種賭博機器，又稱作老虎機、拉霸，經常可以在賭場或娛樂場所見到。

覺訝異，不過掌握自己的狀態，知道何時該暫時抽身、自我充電，是做出良好決定的關鍵步驟。

當我戰鬥時，出擊時間偶爾會長達八個小時，必須長期間持續制定決策。為了在心智上獲得休息，我每十五分鐘會啜飲幾口水，每小時吃幾口食物。雖然幅度不大，卻足以讓我的專注力維持更久。

在排定優先次序時，最重要的深層問題是：**我們是為了什麼而努力？**缺乏明確的當下目標與終極目的，就會難以理解如何把一切事物組合為一體。如果沒有明確的願景，我們的心智將會預設去處理緊急的任務，不論它們是否重要。唯有在堅定邁向願景的心態下，我們才能痛下決心捨棄不重要的任務，最大化我們的影響力。

炸彈威脅下，該不該起飛？

F-16的引擎加速運轉，那輛鏽蝕的油罐車繼續衝向我的飛機。在我的職涯中，曾經幾度感覺到恐懼，但那時我一點也不害怕，純粹非常好奇事態會如何發展。這就像是看著一部電影播放，只不過我也是劇中人。時間的流逝似乎慢了下來，外部的思緒全都消失，一切都緩緩在我眼前展開。地勤組長按下無線電的發話鍵，詢問：「我們該怎麼做？」

根據情資報告，以及今天已經發生的種種事情，我估計這輛油罐車有一半的機率是另一次自爆攻擊。儘管事關重大，答案卻單純。一輛滿載的油罐車，可以攜帶近四萬磅的燃料，如果被引爆，將成為世上最龐大的傳統炸彈之一。

此外，我正坐在加滿燃料的飛機上，搭載著炸彈、飛彈和子彈，周遭還有其他幾架F–16停泊。如果這輛油罐車是自爆炸彈，我們全都無法在爆炸下倖存。反過來說，如果它不是自爆炸彈，我們就必須繼續執行任務。

我向指揮中心發出無線電。戰鬥機飛行員用無線電通訊時，通常會希望保持輕聲沉著的語氣，讓自己成為能平撫他人的安定力量。但在這種情況下，我希望傳達出急迫感，於是加快語速並強硬的說：「有一輛身分不明的可疑卡車，正快速衝向F–16的停機坪。我們需要現在就排除它。」

油罐車在距離我的飛機幾十英尺處停下來，車子的煞車嘶嘶作響，避震器前後擺動，駕駛座落在白色警示燈光的陰影下。

現在就是關鍵時刻。接下來會發生什麼事？

我們難免因為預期後續情勢而變得稍微緊繃，但實在沒空坐著觀望——我已經決定要繼續啟動飛機，所以我與地勤組長盡快完成相關程序。我從眼角餘光瞥到，許多人從附近一座軍營湧出，人人穿著T恤、手持步槍——他們不是保安部隊，而是地勤人員。儘管他們沒有受過訓練，我看見他們拿著M16步槍跑向油罐車，爬上去扯開車門，接著把駕駛拖出車外。

在這個時候，F－16已經可以開始滑行。我的目標是讓我與僚機的飛機遠離危險，以防油罐車內藏著遙控引爆裝置。即使果真如此，至少我們會有兩架F－16已經行動並升空，協助保衛基地逐退攻擊。我推動油門桿，完成滑行，然後起飛執行任務。

在我們升空後，地勤人員把守著停機坪區域並設下護欄，等待保安部隊前來。保安部隊抵達後拘禁了油罐車司機，但始終無法確定他是否心懷不軌。他在巴格蘭基地的另一個區域工作，並未獲得授權來到這個區域。油罐車上沒有炸藥，但大家推測，他可能原本試圖衝撞其中一架飛機，卻在最後一刻改變主意。在那一天，共有五名美軍人員喪生，另有十七人受傷。

想把事情做好，得「少做點事」

人們常常難以果斷行動，尤其是在風險變高的時候。他們會過度思考問題，限制住自己的認知頻寬，試圖做出完美的決定，再加上人體面對內外壓力時的生理反應，可能會因此引發困惑，並造成無法果斷。

當我與新學員一起飛行時，他們很容易陷入任務飽和（task saturated）的困境。學習如何駕駛戰鬥機是一樁難事，飛行員與飛機之間，是以幾千條命令連結的，就像在說一門新的語言，需要多年練習才能講得流暢。

這種困難，與學員追求成功的進取心相結合，時常導致他們在心智上消耗過度。我會告訴他們，永遠別讓自己任務飽和的程度超過九〇%。你需要認知頻寬來看清全局，為永無休止的任務排定優先次序。

一旦你讓自己陷入百分之百的任務飽和，就不再握有掌控權——不管想不想，任務都會自動開始漏失，使你無法妥善根據情勢鑑別分類。

解決方案很簡單，但是不容易執行——**他們必須少做點事**。當你來到九〇%的負荷時，就必須明智的削減任務。你或許希望多做事，其他人或許希望你多做事，但你能做出的最佳舉動，就是理解自身極限，並且妥善傳達出去。

不過，這則教訓並非只有學員該注意。隨著擔任戰鬥機飛行員的經驗越來越多，新奇與刺激感相對減少，於是你變得更強悍又致命。但即使是老練的戰鬥機飛行員，也很容易在面臨極端案例時，陷入任務飽和的困境，其中一例是當你聽到友軍遭受攻擊，而你有機會幫忙他們的時候。

你全心全意想要盡快救援他們，但同樣重要的是，你得拋下倉促行動的誘惑——你要讓自己保持在九〇%的負荷，因為那些部隊需要天空上，有個思維清晰果斷的人。

人們猶豫不決的另一個理由，是因為他們試圖完全排除所選方案的不確定性。最厲害的決策者會笑著擁抱不確定性。生活中少有你能完全確定的時刻，儘管有快速預測這類，能協助移除一部分不確定性的工具，我們終究只是盡可能試著讓發生有利結果的機率提升。**你沒有做出決斷的每一刻，都是在時間與心智能量上消耗成本**。最終，這種成本將會蓋過等待帶來的好處，而這一刻，便是做出決定、繼續前行的時刻。

關於決策的另一個觀點是，我們只是在嘗試排除顯然不理想的選擇。想像你為自家小鎮到某個地點，畫出一千條不同的路線，其中的九九％，無疑是可以輕易排除的差勁選擇，於是你可能剩下一些好選項。根據你的優先次序，例如最短時間、最不複雜、最低耗油或最佳景觀，可以再從剩餘選項中刪去幾個，讓你只剩下兩、三個選項——許多人就是在這裡卡住了。

他們會持續改善評估，直到只剩下一個選項，但常常會因為有太多不確定性，或是剩餘選項的差異性太大，導致無法縮減成唯一選項。與其繼續考慮，這時候的解答很簡單：從剩餘選項中任選一個執行。

你的時間與精力不如用在其他問題，或是保留來維持彈性，以便之後在面對可能發生的未預期事態時能修正做法。如果你還有疑惑，就選擇最單純的選項，這麼做不只可以讓你節省心智能量，同時把執行時的問題點減到最少。

我發現，在生活中的決策裡，**當存在多個似乎同等效益的選擇時，執行風險最高的可行選項，常常能帶來最大價值的回報**。大多數人痛恨不確定性，尤其是在風險相伴的狀況。人類已演化成過度高估風險的生物，如果我們能克服這種心理障礙，便會更容易脫穎而出，大幅增加成功的機率。

如果你到了這一刻還心存疑慮，讓我跟你分享一個我在小時候學到，如何在幾個同等選擇中做決定的訣竅：每有一個可行選項，你就伸出一根手指代表，然後把伸出的手指砸向堅硬的表面，最痛的那根手指，就是你要執行的選項。

當然，運用批判性思考把選項縮減到唯一一個，無疑是更好的方法，但如果你已經卡關而且時限將至，試著痛一次吧。

後記

這套決策訓練，各界人士都適用

有能力持續做出優良決斷，是當世代面臨的重大挑戰之一。

我們生活在科技革命之中，生活、工作與人際關係，都發生了根本性的變化。在十九世紀與二十世紀時，世人的焦點主要關注工業革命的影響，以及如何管理廣大群眾。而這個世紀的領導者，將會根據他們思考與決策的清晰度受人評斷。

人工智慧與其他科技輔助工具，已經強化我們在生活中處理死記與重複性事務的能力，許多狀況下甚至能取代人力。就像之前的各種革命，這次的革命幾乎顛覆世上所有產業，從我們如何規畫旅行、工作到養育兒女，一切全都因此改變。

這導致環境更加瞬息萬變，我們已經無法再用過去的方法做出決定——**每個選擇必須不斷重新評估，而且常是以極高的頻率進行**。不過，對那些能夠適應的人來說，這種科技面的放大效應，將能讓他們創造出遠比過去大得多的成果。

解放這種力量的關鍵，在於清晰的決策——亦即找出一套能在既定限制下產生最大價值，深思熟慮且能迭代的決斷方法。

戰鬥機飛行員已蒙受這場革命數十年，學會如何在複雜、多變、充斥不確定性的環境下茁壯發展，本書呈現了許多相關原則。這些訓練已經被許多人應用，包括外科醫師、職業運動教練、CIA探員、企業執行長、NASA太空人，以及眾多我們在這些年來訓練的各界人士。

有能力清楚評估問題，擬定可能的行動方針，判斷相關的期望值，然後加以執行，是一種放諸四海皆準的技能，而且可以學習與強化。本書所呈現的僅是一個起始點，不該被當成教條。知識唯有融會到「隨需即用」的程度，才能派上用場。

縱使在無菌環境下能回憶出眾多資訊也無關緊要，**真正重要的，是能否在充斥著干擾、不確定性與風險的現實世界中運用**。本書提及的經驗，能讓你成為更好的決策者，但你真正的工作現在才要開始：找出方法，讓這些概念與你在人生累積而成的心智框架，能夠無縫接軌的整合在一起。

祝你好運！

致謝

本書的寫作歷時超過六年，這是我試圖將戰鬥機飛行員生涯中，學到的知識和智慧傳承下去的嘗試。若讀者在其中發現任何錯誤或問題，我本人責無旁貸。

首先，我要感謝我的家人，他們不僅在我寫作的過程中，更在我一生中，都給予了堅定不移的支持。長時間訓練、臨時出差、飛上天空戰鬥，是我主動選擇的生活，但對我的家人來說，卻是他們被動承擔的一切。每次有飛機墜毀時，他們都被迫等待，不知道是否就此失去了丈夫、父親、兒子，或兄弟。

本書寫作過程中，我的妻子凱莉（Kylie）值得特別的讚譽。在一年半多的時間裡，她讓我每天都能寫作。在那段時間，她是我唯一信任的人，她可以閱讀未經編輯的原始文稿，並持續提供回饋和支持。我還要感謝我的孩子們，他們不僅給了我寫作的時間，還讓我見證了他們永不止息的好奇心，與對學習的熱愛，這教會了我遠超過我教給他們的東西。

我也要感謝我的父母平（Ping）和黛博拉（Deborah），他們養育，並給予了一個叛逆也不足以形容的孩子支持。

在我還小時，我從沒讓他們生活過得多輕鬆。然而，他們豐富的耐心和教導，使我最終能找到並運用自己的力量。我的手足們：德瑞克（Derek）和索菲亞（Sophia）也受惠於此，他們畢生致力於服務與回饋世界。

還得感謝我的好友丹恩．席林（Dan Schilling），他曾是一名作戰管制員，現在則是作家，他在整個寫作過程中提供了許多建議，並向我引介了經紀人賴瑞．懷斯曼（Larry Weissman）。賴瑞值得巨大的讚美，他與我一起工作了許多時間，並在尋找出版商時，展現出了戰鬥機飛行員的殺手本能。

我的編輯馬克．雷斯尼克（Marc Resnick）也值得認可。他平靜的舉止和對我作品堅定不移的信心，使我將這本書塑造成今日所看到的樣子。聖馬丁出版團隊（St. Martin's Press）的其他成員也是如此，他們提供了大量支持。

最後，我要向我的戰鬥機戰友們致謝：這些空中戰士，多年來付出了大量血汗和淚水，使美國空軍成為世上最強大的戰鬥力量。鮮少有人真正了解，這支隊伍在捍衛自由上，產生了多大的影響。

就我個人而言，他們在我的職業生涯中不斷的指導和支持，幫助我成為了今天的我。本書的寫作亦是如此，許多現任和前任戰鬥機飛行員，幫助我打磨出了本書的概念和內容。然而，其中有些人，已不斷向西飛去——「粉碎」（Crush 'Em）、「ＡＦＦ」、「巡弋」（Prowl）、「萬歲」（Banzai）、「力量與榮譽」（Strength and Honor）[1]……。

本書參考資料，
請掃描QR Code。

1 編按：「向西飛行」為形容飛行員逝世的委婉説法，粉碎、ＡＦＦ等，則為各飛行員的呼號，或所屬戰鬥機隊伍名稱。

國家圖書館出版品預行編目（CIP）資料

F-35 戰機飛行員的零秒決斷力：在壓力與混亂下，世界最強美國空軍如何決斷？最佳飛行教官親傳。／阿札爾．李（Hasard Lee）著；李皓歆譯 . -- 初版 . -- 臺北市：大是文化有限公司，2024.01
320 面；14.8×21 公分 . --（Biz；449）
譯自：The Art of Clear Thinking: A Stealth Fighter Pilot's Timeless Rules for Making Tough Decisions
ISBN 978-626-7377-19-2（平裝）

1. CST：決策管理　2. CST：成功法

494.1　　112016526

Biz 449

F-35 戰機飛行員的零秒決斷力

在壓力與混亂下，世界最強美國空軍如何決斷？最佳飛行教官親傳。

作　　者／阿札爾・李（Hasard Lee）
譯　　者／李皓歆
責任編輯／楊　皓
校對編輯／宋方儀
美術編輯／林彥君
副總編輯／顏惠君
總 編 輯／吳依瑋
發 行 人／徐仲秋
會計助理／李秀娟
會　　計／許鳳雪
版權主任／劉宗德
版權經理／郝麗珍
行銷企劃／徐千晴
業務專員／馬絮盈、留婉茹、邱宜婷
業務經理／林裕安
總 經 理／陳絜吾

出 版 者／大是文化有限公司
臺北市 100 衡陽路 7 號 8 樓
編輯部電話：（02）23757911
購書相關諮詢請洽：（02）23757911 分機 122
24 小時讀者服務傳真：（02）23756999
讀者服務 E-mail：dscsms28@gmail.com
郵政劃撥帳號：19983366　戶名：大是文化有限公司

法律顧問／永然聯合法律事務所
香港發行／豐達出版發行有限公司 Rich Publishing & Distribution Ltd
地址：香港柴灣永泰道 70 號柴灣工業城第 2 期 1805 室
Unit 1805, Ph.2, Chai Wan Ind City, 70 Wing Tai Rd, Chai Wan, Hong Kong
電話：21726513　傳真：21724355
E-mail：cary@subseasy.com.hk

封面設計／林雯瑛　內頁排版／王信中
印　　刷／緯峰印刷股份有限公司

出版日期／ 2024 年 1 月　初版
定　　價／新臺幣 460 元（缺頁或裝訂錯誤的書，請寄回更換）
I S B N ／ 978-626-7377-19-2
電子書 ISBN ／ 9786267377208（PDF）
9786267377215（EPUB）

Printed in Taiwan